基桩与隧道衬砌无损检测关键技术

赵常要　赵守全　吴红刚　朱兆荣　胡远林　**编著**

人民交通出版社股份有限公司

北京

内 容 提 要

本书介绍基桩与隧道衬砌无损检测技术的理论基础、检测原理、检测方法、数据处理方法、结果评定准则，并且针对工程实际应用中的痛点、难点，开展理论研究与经验总结，建立了声测管间距修正的数学模型和计算公式，提出了探地雷达法在隧道检测中里程偏差修正的数学模型和计算方法，并且编制了软件以实现自动、高效、准确的数据处理，相关成果对于无损检测技术的推广应用具有重要意义。

本书可作为隧道工程研究人员、技术人员的参考书，也可供高等院校相关专业师生参考。

图书在版编目(CIP)数据

基桩与隧道衬砌无损检测关键技术 / 赵常要
等编著. —北京：人民交通出版社股份有限公司，
2024.1
　　ISBN 978-7-114-18909-8

　　Ⅰ. ①基… Ⅱ. ①赵… Ⅲ. ①桩基础—无损检验②隧
道工程—无损检测　Ⅳ. ①TU473.1②U451

中国版本图书馆 CIP 数据核字(2023)第 132686 号

Jizhuang yu Suidao Chenqi Wusun Jiance Guanjian Jishu
书　　　名：	基桩与隧道衬砌无损检测关键技术
著 作 者：	赵常要　赵守全　吴红刚　朱兆荣　胡远林
责任编辑：	朱明周
责任校对：	孙国靖　刘　璇
责任印制：	刘高彤
出版发行：	人民交通出版社股份有限公司
地　　址：	(100011)北京市朝阳区安定门外外馆斜街 3 号
网　　址：	http://www.ccpcl.com.cn
销售电话：	(010)59757973
总 经 销：	人民交通出版社股份有限公司发行部
经　　销：	各地新华书店
印　　刷：	北京交通印务有限公司
开　　本：	787×1092　1/16
印　　张：	11.25
字　　数：	230 千
版　　次：	2024 年 1 月　第 1 版
印　　次：	2024 年 1 月　第 1 次印刷
书　　号：	ISBN 978-7-114-18909-8
定　　价：	80.00 元

序　言

　　道路工程中,桥梁和隧道等主要构筑物的工程质量直接影响着道路的运行安全,而桥梁基桩、地基处理基桩、边坡抗滑桩和隧道衬砌结构等隐蔽工程的质量直接关系各类构筑物的整体质量。基桩和隧道衬砌受到地质条件和施工工艺性缺陷的影响,经常会造成主体结构存在一些系统性的质量缺陷。为了探查这些缺陷,一般采用破损检测或无损检测手段,前者会对结构造成破坏而很少采用,后者的使用已经非常普遍。

　　桥梁基桩如果存在问题,桥墩就会产生不均匀沉降,影响上部结构的稳定;隧道衬砌如果存在背后空洞、厚度不足等缺陷,就易引起衬砌结构失稳、掉块、渗水等问题。因此,提高桥梁基桩和隧道衬砌无损检测的准确性、可靠性,对保证结构整体质量至关重要。

　　声波透射法和地质雷达法分别在桥梁基桩质量检测和隧道衬砌质量检测中得到广泛应用,这取决于这两种方法具有检测效率高、经济成本低、检测结果直观等优点。但两种方法在桥隧工程质量检测中的应用也存在一定缺陷,如:桥梁基桩检测中存在因钢筋笼安装、混凝土浇筑等施工因素引起的声测管不平行问题;地质雷达法在隧道衬砌质量检测中的应用存在因检测车颠簸或行车速度不稳定导致的雷达图像失真或里程偏差问题,并且衬砌钢筋、钢拱架、脱空等的相互干扰会引起对隧道质量缺陷的误判和漏判,且从数据文件处理到后期成果图的绘制过程中存在着工作效率低、工作量大、过程冗长、易出错等缺点。因此,声波透射法基桩质量检测中声测管间距的修正,隧道衬砌无损检测过程中里程偏差的修正、探地雷达图像判释的准确性、探地雷达数据后期处理和成果图绘制技术是桥隧工程质量无损检测的重要研究课题。

　　长期以来,中铁西北科学研究院有限公司老、中、青几代科技人员对上述问题进行了持续深入的研究,积累了丰富的现场经验,形成了众多的理论创新。本书编写团队结合多年的科研和实践经验,经过不断的总结、提炼与优化,著成此书。纵阅全书,其突出特点和可借鉴之处主要有:

一是建立了声测管间距修正的新数学模型，提出了基于共面相交和空间异面数学模型的声测管间距修正计算公式，编制了声测管间距修正的可视化软件和 Excel 版声测管间距修正软件，确定了一种混凝土平均波速的计算方法。

二是提出了地质雷达法隧道检测中里程偏差修正的数学模型和计算方法。

三是建立了探地雷达检测隧道质量的雷达波形图谱系统和隧道衬砌空洞探测效果模型。

四是开发了探地雷达层厚度值提取技术和厚度曲线绘制技术。

对于声波透射法基桩质量检测涉及的声测管弯斜修正问题，地质雷达法隧道衬砌质量无损检测的数据采集、图像判释、里程偏差修正、数据处理、成果图绘制等，都可以在此书中找到相应的方法和策略。此书内容不仅具有很高的实用价值，而且为提高相关领域的学术理论水平和工程检测技术水平提供了宝贵的参考资料，特为之作序。

全国勘察设计大师：李国良

2022 年 12 月 22 日

前　　言

　　交通运输是国民经济中基础性、先导性、战略性产业和重要服务性行业,交通现代化是中国式现代化的重要标志,在构建新发展格局中具有重要地位和作用。我国幅员辽阔、人口众多,资源、产业分布不均衡,特殊国情决定必须建设一个强有力的交通运输体系。新中国成立以来,几代人逢山开路、遇水架桥,将我国建成了名副其实的交通大国。在公路、铁路和城市交通建设中,为跨越江河、深谷和海峡或穿越山岭和水底,需要建造桥梁和隧道等构筑物。然而,受施工工艺、管理水平、机械设备性能、施工人员素质、建筑材料质量、工程地质条件等因素的影响,施工过程中极易出现质量问题,桥梁与隧道工程的质量与安全可靠性,成为影响交通基础设施安全运营的关键环节。

　　随着科技的进步,桥梁与隧道工程无损检测技术得到了越来越广泛的应用。桥梁桩基无损检测中,声波透射法成为目前的主要检测手段,但存在声测管不平行导致的漏判或误判现象,数据处理过程耗时、耗财、耗力。隧道衬砌无损检测中,探地雷达法成为目前的主流方法,但雷达图像失真,里程偏差,衬砌钢筋、钢拱架、脱空等的相互干扰,会导致误判和漏判。

　　中铁西北科学研究院有限公司工程检测中心团队,在长期从事桥梁与隧道工程无损检测技术的研究与应用工作中,针对基桩声波透射法检测技术、隧道衬砌地质雷达法检测技术进行了经验总结,并且对前述技术难题开展了技术攻关,将相关成果编成此书,以期为国内桥隧检测单位提供技术参考,促进相关领域的技术进步。

　　全书分两篇。第1篇为基桩声波透射法检测技术,共5章,分别为概述、声波透射法现场检测设备及检测方法、测试理论及可靠度评判、声测管间距和声速的修正、桩身混凝土缺陷的判定;第2篇为隧道衬砌地质雷达法检测技术,共4章,分别为概述、地质雷达法隧道衬砌质量现场检测及资料处理、隧道衬砌雷达波形图谱特征、里程偏差修正及厚度处理技术优化。

　　本书第1篇由赵守全、胡远林、庞军撰写,第2篇由赵常要、朱兆荣、吴红刚撰写;赵常要、赵守全、吴红刚、庞军对全书进行统稿。感谢中铁西北科学研究院有限公司工程检测中心崔雍、邵伟伟、靳月清、李登科、付宝刚、朱占龙、王建奇等给予的大力支持。感谢中铁西北科学研究院有限公司李永强、王秉勇、韩侃和甘肃铁科建设工程咨询有限公司陈英福、窦顺、谢维平提供的宝贵建议。感谢兰州交通大学秦欣、牌立芳对本书有关研究工作和资料的整理。相关工程试验得到川藏铁路有限公司、西藏铁路建设有限公司、甘肃省铁路投资建设集团有限公司、兰新铁路甘青有限公司、中国铁路兰州局集团有限公司兰州工程建设指挥部、中国铁路兰州局集团有限公司银川工程建设指挥部、中国铁路青藏集团有限公司格库铁路建设指挥部、中国铁路青藏集团有限公司格拉段扩能改造工程建设指挥部、中铁第一勘察设计院集团有限公司、中铁一局集团有限公司、中铁二局集团有限公司、中铁三局集团有限公司、中铁七局集团有限公司、中铁八局集团有限公司、中铁九局集团有限公司、中铁十一局集团有限公司、中铁十二局集团有限公司、中铁十四局集团有限公司、中铁十五局集团有限公司、中铁十七局集团有限公司、中铁十八局集团有限公司、中铁二十局集团有限公司、中铁二十一局集团有限公司、中铁二十二局集团有限公司、中铁北京局集团有限公司、中铁隧道局集团有限公司、中铁大桥局集团有限公司、中铁建大桥工程局集团有限公司、中铁建工集团有限公司、中铁电气化局集团有限公司、中国建筑股份有限公司、中交第二公路工程局有限公司、甘肃第七建设集团股份有限公司各级领导和专家的支持与帮助，对他们的劳动和奉献，著者铭记于心，在此一并致谢！

　　基桩与隧道衬砌无损检测技术不断发展和进步，人们对其的认知也越发完善，本书某些观点与方法会随着理论研究和工程实践的不断深入而得到改进。鉴于作者的水平及经验有限，书中难免存在缺点和不足之处，敬请读者批评指正。

作　者

2023 年 10 月

目　　录

第1篇　基桩声波透射法检测技术

第2篇 隧道衬砌地质雷达法检测技术

第 1 篇
基桩声波透射法检测技术

第1章 概 述

1.1 基桩质量检测方法

基桩质量检测主要包括桩身承载力和桩身完整性的检测。一般,在设计无误的前提下,如果桩身完整性达到要求,则其承载力一般能够达到要求;反之,如果桩身承载力达不到要求,则其完整性不一定能满足要求。因此,对于基桩来说,桩身完整性的检测在很大程度上就能够代表基桩质量检测,从而省去了基桩承载力的检测环节,节约了检测的费用成本和时间成本,故而混凝土桩身完整性的检测就显得尤为重要。

目前,国内外对于混凝土桩身完整性的检测方法主要有钻孔取芯法、低应变法、高应变法和声波透射法。这四种方法在检测混凝土桩身完整性时各有优劣,通过查阅大量文献,可以总结出这四种方法的优缺点。

1.1.1 钻孔取芯法

钻孔取芯法是用地质钻机沿着桩顶一直钻到桩底,取芯样进行状态和强度检验以获得桩身完整性情况的一种检测方法。

作为一种传统的检测方法,钻孔取芯法的优点是:

①可以直观地观察桩身缺陷,可对桩基的完整性有直观的了解。

②检测结果可靠、直观,数据记录简单。

③可通过钻取的芯样,检测基桩混凝土的强度、桩端持力层的实际情况、桩底沉渣的厚度、桩长等许多桩身信息。

④能够对其他检测方法所得的结果进行验证。

钻孔取芯法的缺点是:

①当受检桩的长径比较大时,很难控制成孔的垂直度和钻芯孔的垂直度,导致钻芯孔易偏离桩身,有效检测深度减小。

②易受桩径和长径比的限制,桩径不宜小于800mm,长径比不宜大于30。

③检测范围有限,受钻孔数量和位置的限制,只能反映钻孔周边局部范围内的混凝土质量,很难适用于全桩长,且不适用于超长桩和斜桩。

④检测结果受一孔的局限,容易出现以点带面和以偏概全,易造成漏判、错判等,对混凝土桩的局部缺陷和水平裂缝等的判断不一定十分准确,易遗漏局部缺陷。

⑤属于有损检测方法,检测速度慢,检测费用高,检测周期长。

1.1.2 低应变法

低应变法是采用低能量瞬态或稳态激振方式在桩顶激振,实测桩顶部的速度时程曲线或速度导纳曲线,通过波动理论分析或频域分析,对桩身完整性进行判定的检测方法。

低应变法的优点是:

①能有效检测出桩身中浅部的缺陷。

②设备轻便,方法简单,操作简便,检测速度快,成本低,经济性好。

③对直径小且埋置不深的桩,检测结果比较可靠。

④无须埋置声测管。

低应变法的缺点是:

①易受桩长、桩径、长径比等尺寸效应的限制,也易受桩顶混凝土条件、桩身缺陷性质、桩长过长、浅部盲区、多次反射累加以及信号衰减等多因素综合制约。

②无法精准判断桩身缺陷的类型,对桩身缺陷的位置及程度只能做出大致的判断。

③对桩身浅部缺陷、多个缺陷、深部缺陷或桩底缺陷反应不灵敏甚至无法识别。对桩身小缺陷的检测不准确。

④受环境影响大,易受地质条件的约束。当环境或地质条件复杂时,检测结果的准确性大大降低。

⑤是一种无损定性分析方法,只能对缺陷作出定性描述,而不能作出定量分析,容易引起错判、误判等。

⑥存在检测盲区。

1.1.3 高应变法

高应变法是用重锤冲击桩顶,实测桩顶附近或桩顶部的速度和力的时程曲线,通过波动理论分析,对单桩竖向抗压承载力和桩身完整性进行判定的检测方法。高应变法的优点是:

①检测准确度相对较高。

②不仅能检测桩身完整性,而且能检测桩的承载力。

高应变法的缺点是:

①对传感器安装、桩顶处理、锤重、落锤高度的要求比较苛刻,现场检测时不容易同时满足要求。

②无法精准判断桩身缺陷的类型,对桩身缺陷的位置及程度只能作出大致的判断。

1.1.4 声波透射法

声波检测是指以人为激励的方式向介质或被测对象发射声波,在一定的距离内接收经介质物理特性调制的声波(如反射波、折射波、透射波、散射波等),通过观测和分析声波在介质中传播时声学参数和波形的变化,对被测对象的宏观缺陷、几何特征、组织结构和力学性质进行推定和表征。

作为声波检测的一种,声波透射法是以穿透介质的透射声波为测试和研究对象,在预埋声测管之间发射并接收声波,通过实测声波在混凝土介质中传播的声时、声速、波幅、主频等声学参数的相对变化,对混凝土桩身完整性进行检测的一种方法。

声波透射法的优点是:

①精度高,能够检测出混凝土桩的小缺陷部位、局部缺陷部位和多缺陷部位。

②检测全面,检测范围可覆盖全桩长的各个截面,对缺陷的判定比其他方法更全面。

③检测结果直观清晰,准确可靠,抗干扰能力强,检测信息丰富。

④不受桩长、桩径和长径比的限制,不受检测场地的限制,也不受桩顶混凝土条件的限制,无须桩顶露出地面即可检测。

⑤检测仪器轻便,现场操作简便迅速,检测速度快,所需检测人员少,节约人工成本和时间成本,经济性好。

⑥探测距离大,对缺陷灵敏度高且定位准确,能详细查明桩内缺陷的性质、深度、范围、严重程度。

⑦属于无损检测和定量分析方法,不仅不会对混凝土结构造成破坏,而且可以对桩身缺陷作出定量的分析。

⑧可用于大直径长桩的完整性检测、桩长校核,也可用于检测斜桩和估算混凝土强度。

声波透射法的缺点是:

①需要预埋声测管,使工程量增大,施工费用及成本增加。

②对声测管的垂直度要求较高,但施工过程中很难保证声测管之间的绝对平行,导致声测管的预埋效果对检测结果产生影响。

③对操作人员的分析判断力、综合业务素质及经验要求高,因此从业人员应有良好的专业素养并经过系统的技术培训。

④检测存在盲区。

综合对比可知,声波透射法较其他检测方法具有更高的检测精度、更大的检测深度、更强的抗干扰能力、更好的现场可操作性,能够准确地检测出混凝土桩身的空洞、蜂窝、夹层、离析、断桩等缺陷,因此声波透射法以其鲜明的技术特点成为目前基桩检测的重要手段,在工业和民用建筑、水利水电、铁路、公路和港口等工程建设等多个领域得到了广泛应用。

1.2　脉冲声波的固有特征

采用声波透射法检测桩基完整性时,使用的声波属于脉冲声波,又称声脉冲,是由声源间歇地发射一组组声波,介质中各质点做间歇的脉冲振动而形成的。其具有以下固有特征。

1) 脉冲声波是机械波

根据空间发生扰动形式的不同,扰动可分为机械扰动和电磁扰动。波是由空间某处发生的扰动以一定的速度由近及远传播而形成的,因此波可以分为机械波和电磁波两种。

机械扰动在介质内的传播形成机械波,比如水波、声波等属于机械波。电磁扰动在真空或介质内的传播形成电磁波,电波、光波等属于电磁波。

声波透射法检测基桩完整性时使用的脉冲声波属于机械波。

2) 脉冲声波是超声波

以频率为依据划分声波,则声波种类及脉冲声波属性如表1.1-1所示。

依据频率划分声波种类及脉冲声波属性表　　　　表 1.1-1

声波种类	频率(Hz)	声波种类	频率(Hz)
次声波	$0 \sim 20$	超声波	$2 \times 10^4 \sim 1 \times 10^{10}$
可闻声波	$20 \sim 2 \times 10^4$	特超声波	$> 1 \times 10^{10}$

脉冲声波主频为 $2 \times 10^4 \sim 2.5 \times 10^5 Hz$,属于超声波的范围,故脉冲声波是超声波。

3) 脉冲声波是弹性纵波

以介质中质点振动方向与波传播方向的位置关系为依据对声波种类进行划分,则声波种类及其传播原理如表1.1-2所示。

依据质点振动方向与波传播方向的位置关系划分声波种类表　　　表 1.1-2

声波种类	传播原理	声波种类图
纵波 (P波)	介质质点振动方向平行于波的传播方向。纵波的传播依赖于介质局部容积发生变化而引起的压强变化,这种局部容积的变化是由介质的时疏时密造成的,故和介质的体积弹性是相关的。纵波可在固体、液体和气体中传播	波传播方向　　稀疏　压密 质点振动方向 波长λ

续上表

声波种类	传播原理	声波种类图
横波 （S波）	介质质点振动方向垂直于波的传播方向。横波依靠剪应力的变化而传播,这种剪应力的变化是由介质产生剪切变形或局部形状变化造成的,故和介质的剪切弹性是相关的。横波只能在固体中传播,因为液体和气体不能产生剪应力	
表面波 （R波）	介质表面质点的振动方向既不平行于、也不垂直于波的传播方向。表面波的传播是依靠介质表面受到交替变化的表面张力作用而引起的介质表面质点纵、横向振动的合成运动在介质表面传播而形成的。其只能在固体中传播	

弹性介质内部质点之间存在着相互作用的弹性力,当某一质点因受到扰动或外力的作用而离开平衡位置后,弹性恢复力使该质点发生振动,从而引起周围质点的位移和振动,于是振动就会在弹性介质中传播,并伴随有能量的传递,在振动所到之处,应力和应变就会发生变化。把扰动或外力作用下引起的应力和应变在弹性介质中的传递形式称为弹性波,如图1.1-1所示。

脉冲声波是纵波,其传播方向与介质质点振动的方向相同。混凝土介质是一种黏弹性材料,在其内传播的声波是一种弹性波,所以脉冲声波是一种弹性纵波。

4）脉冲声波是平面波

把介质中振动相位相同的点的轨迹称为波振面。根据波振面的形状,可以将声波划分为球面波、柱面波、平面波。

（1）球面波

球面波是波振面为球面的波。其特性为:①声源为点状球体,波振面是以声源为中心的球面;②声强与距声源距离的平方成反比。球面波传播路径如图1.1-2所示。

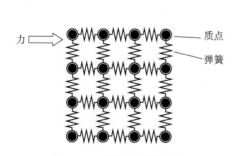

图 1.1-1　弹性介质模型图

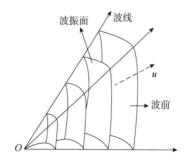

图 1.1-2　球面波传播示意图

（2）柱面波

柱面波是波振面为柱面的波。其特性为：①声源为一无限长的线状直柱，波振面是同轴圆柱面；②声强与距声源的距离成反比。柱面波传播路径如图 1.1-3 所示。

（3）平面波

平面波是波振面为平面的波。其特性为：①无限大平面做谐振动时，在各向同性的弹性介质中传播的波；②从无穷远的点状声源传来的波，其波振面可近似为平面，也可视为平面波；③如不考虑介质吸收波的能量，声压不随与声源的距离而变化。平面波传播路径如图 1.1-4 所示。

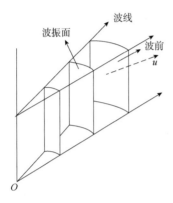

图 1.1-3 柱面波传播示意图

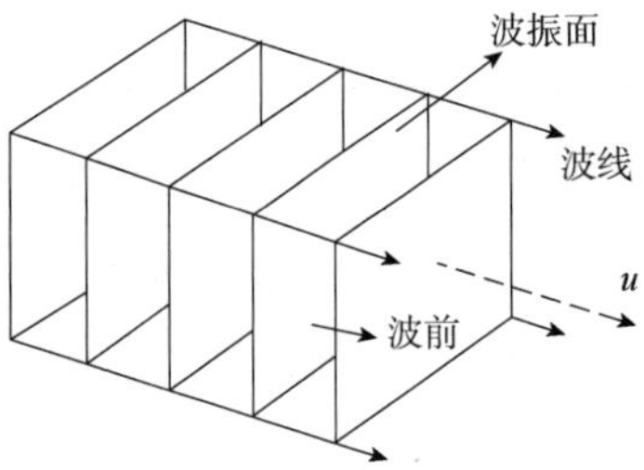

图 1.1-4 平面波传播示意图

脉冲声波是一种平面波，其波振面为平面。

5）脉冲声波是余弦复频波

理想介质是指不吸收声能量且各方向弹性均相同的均匀介质。设有一平面波在理想介质中沿 x 轴方向传播，在与 x 轴垂直的任意平面上，所有质点运动状态均相同，那么当 $x=0$ 的情况下，质点振动方程为：

$$u = A_0 \cos \omega t \qquad (1.1-1)$$

设声波传播速度为 v，经时间 t 后，声波传播距离为 $x=vt$，即在 x 处的平面上各质点的振动比 $x=0$ 平面上质点的振动滞后 $t=x/v$，如图 1.1-5 所示。

因介质是理想弹性的，各质点振幅不变，所以 x 处各质点振动规律为：

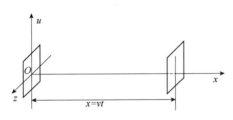

图 1.1-5 平面余弦波沿 x 轴传播图

$$u = A_0 \cos \omega \left(t - \frac{x}{v} \right) \qquad (1.1-2)$$

式中：u——质点位移；

A_0——质点振幅；

ω——圆频率；

t——时间。

该方程描述了距波源为 x 的平面上各质点在任何时刻 t 的运动规律，即平面余弦波在理想介质中的波动方程。

平面余弦波的振动规律关系式中有两个自变量——x、t，在不同自变量取值时的波动方程、物理意义、振动图形如表 1.1-3 所示。

平面余弦波在不同自变量取值时的波动方程、物理意义、波动图形表　　　　表 1.1-3

自变量取值	波动方程	物理意义	波动图形
给定 $x=x_0$	$u=A_0\cos\omega\left(t-\dfrac{x_0}{v}\right)$	表示在 x_0 处平面上各质点的振动规律，即该平面上所有质点做简谐振动	 $x=x_0$处平面上质点的振动规律
给定 $t=t_0$	$u=A_0\cos\omega\left(t_0-\dfrac{x}{v}\right)$	表示 t_0 时刻介质中各质点的位移，它表明平面波是余弦波	 $t=t_0$时介质中各质点的位移
自变量 x、t 都变化	$u=A_0\cos\omega\left(t-\dfrac{x}{v}\right)$	表示波线上各个质点在各个时刻的位移，它揭示了介质中任一质点的位移随质点空间位置和时间的变化规律	 平面余弦波的传播

1.3　脉冲声波的关键参数

脉冲声波的关键参数有：

①声速，指脉冲声波传播单位声时所经过的路程，波速值即为声测管间距与测点声时值之比。

②频率，指单位时间内声波在介质中任一给定点所通过的完整波的个数。频率是周期的倒数。

③波幅，指质点在振动过程中偏离平衡位置的最大距离。

④声时，指声波在介质中的传播时间。

1.4 混凝土介质的固有特征

实际工程中的桩基混凝土具有以下两个特征:

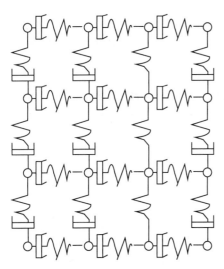

图 1.1-6 混凝土材料的力学模型

①是一种近于黏弹性的、非均质的、非理想材料,是一种集结型的复合材料,属于多相复合体系。其力学模型如图1.1-6所示。

②内部存在着广泛的复杂异质界面,这种复杂异质界面多为两种介质的界面,比如水泥砂浆与粗集料的界面、水泥砂浆与孔洞中空气或水的界面、水泥砂浆或粗集料与夹泥的界面等。

综上可知:由于混凝土介质不是一种理想的黏弹性材料,因此脉冲声波在混凝土中的传播规律并不符合前述单一平面余弦波的传播规律,而是符合由不同相位、不同波幅、不同频率等叠加而成的复杂余弦波的传播规律。

1.5 脉冲声波在混凝土中的传播规律及特征

1.5.1 脉冲声波在混凝土介质中的传播规律

1)会发生反射、折射、绕射等现象

脉冲声波在混凝土介质中传播时,遇到的传播界面大都由两种介质组成,在这些界面处,由于介质声阻抗不同,脉冲声波的传播规律发生变化,声波能量重新分配,这种变化特征是由声波波长与障碍物尺寸的比例、两种介质的特性和脉冲声波的入射角度所决定的。

根据声波波长和障碍物尺寸的大小关系,脉冲声波的传播类型及分类标准见表1.1-4。

脉冲声波传播类型及分类标准 表 1.1-4

传播类型	分类标准
反射、折射	障碍物尺寸远大于波长
绕射	障碍物尺寸接近于波长
轻微散射	障碍物尺寸小于波长
剧烈散射	障碍物为刚性球状物,且$kd \gg 1$(其中d为刚性球状物直径,k为散射角,$k = 2\pi/\lambda$)

2）反射和折射现象分别满足反射定律和折射定律

当脉冲声波在介质分界面上由一种介质传播到另一种介质时，一部分声波能量会被界面反射而形成反射波，一部分能量能透过界面而形成折射波。脉冲声波在界面上的反射、折射分别满足反射定律和折射定律。反射定律为入射角与反射角的正弦之比等于入射波与反射波的波速之比，见式（1.1-3）；折射定律为入射角与折射角的正弦之比等于入射波在第一种介质中的波速与折射波在第二种介质中的波速之比，见式（1.1-4）。

$$\frac{\sin\alpha}{\sin\alpha_1} = \frac{v_1}{v_1'} \tag{1.1-3}$$

$$\frac{\sin\alpha}{\sin\beta} = \frac{v_1}{v_2} \tag{1.1-4}$$

式中：α——入射角；

α_1——反射角；

β——折射角；

v_1——入射波波速；

v_1'——反射波波速；

v_2——折射波波速。

脉冲声波在混凝土介质中的传播规律如图1.1-7所示。

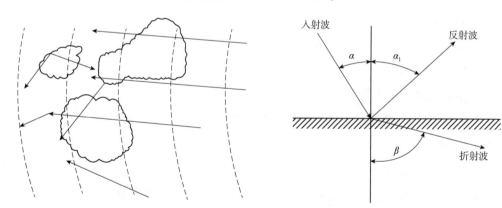

a)脉冲声波在混凝土中的传播状态示意图　　　　b)脉冲声波在混凝土界面上的反射和折射

图1.1-7　脉冲声波在混凝土介质中的传播规律图

1.5.2　脉冲声波在混凝土介质中的传播特征

基于脉冲声波和混凝土介质的固有特征以及脉冲声波在混凝土介质中的传播规律，可得到脉冲声波在混凝土介质中的传播特征及其形成原因。

1）传播特征1——传播路径较复杂

原因分析：

①混凝土内部结构的不均匀和桩身缺陷产生很多异质界面，由于异质界面处声阻抗程度不同，造成脉冲声波在异质界面处发生多次反射、折射，使传播路径变得复杂。

②脉冲声波在混凝土缺陷处发生绕射和散射现象，使其偏离直线传播方向，造成传播路径复杂。

2）传播特征2——声波能量衰减大

原因分析：

①引起声波能量衰减的原因有吸收衰减、散射衰减和扩散衰减三种。

②吸收衰减是指脉冲声波在混凝土介质中传播时，部分机械能被转换成其他形式的能量而散失的衰减现象，与混凝土的性质有关。一般情况下认为：混凝土介质吸收衰减系数的大小与声波频率的一次方、频率的二次方成正比。因此，声波频率越高，混凝土介质吸收衰减系数就越大，声波能量的衰减就越大。

③散射衰减是指脉冲声波在两种介质组成的不同障碍物界面上向不同方向发生散射而导致声波能量衰减的现象，与混凝土的性质有关。通常认为：当混凝土介质中的障碍物尺寸远小于波长时，混凝土介质散射衰减系数与频率的四次方成正比；当障碍物尺寸与波长相近时，散射衰减系数与频率的平方成正比。因此，声波频率越大，混凝土介质散射衰减系数越大，声波能量衰减就越大。

④扩散衰减是指在混凝土介质中传播的脉冲声波由于声束的扩散而使能量逐渐分散，造成单位面积内脉冲声波能量随传播距离的增加而减少的现象。其衰减程度与声源的空间特征有关，表现为声压和声强都减小。

3）传播特征3——在混凝土中传播时的声波构成复杂

原因分析：

①一次声波是指沿直线直接穿过介质传播而不发生反射、折射等现象的声波，其传播距离和时间短；二次声波是指因发生反射、折射等现象而沿折线传播的声波，其传播距离和时间都较长。

②引起声波在混凝土中传播时构成复杂的主要原因是传播路径复杂、传播方向性较差以及混凝土内部结构特征造成的一、二次声波的叠加，这种叠加会使声波波形畸变、构成复杂。

1.5.3 脉冲声波经过混凝土缺陷后的声学参数变化

从上述脉冲声波在混凝土介质中的传播规律和特征可以知道：桩身缺陷急剧地改变了混凝土的内部结构，大大增加了混凝土内部异质界面的数量，特别是由两种介质所组成的界面的数量,进而使得脉冲声波在这些界面处发生严重的反射、折射、散射等现象,这些现象不仅使得脉冲声波的传播路径变得复杂,传播方向性较差,传播时的声波构成复杂,在混凝土介质中的传播路程变长、传播时间增加、传播频率改变、传播波形叠加,而且使得脉冲声波的能量发生衰减,造成声波幅值减小。因此,把脉冲声波在混凝土介质中传播时发生变化的以上参数及相关参数统称为声学参数。脉冲声波经过混凝土缺陷后,其声学参数会出现一定变化。

1) 声时增加、声速降低

脉冲声波经混凝土缺陷后,声时增加,声速降低,主要是由缺陷处介质材料的声阻抗差异引起的。具体为:

①当缺陷是较大空洞时,其内部填充的介质必然是水或空气,由于这两种材料的声阻抗特别大,使得脉冲声波不能直接穿过空洞缺陷而发生绕射,而是沿着空洞边缘穿过混凝土介质,因此传播路程增加,导致传播时间增加。在其他条件不变的前提下,检测仪器显示的声速值降低。

②当缺陷处夹泥、夹砂、沉渣等时,由于这些材料的声阻抗比混凝土材料的大,故传播至缺陷处的脉冲声波要么发生绕射,要么从缺陷介质中直接穿过而被接收换能器接收,不管是哪一种传播方式,都会增加脉冲声波传播的声时,因此在其他条件不变时测得的声速值降低,如图1.1-8所示。

2) 接收声波波幅减小

从脉冲声波在混凝土中的传播特征可知:脉冲声波通过混凝土缺陷时会因吸收衰减、散射衰减和

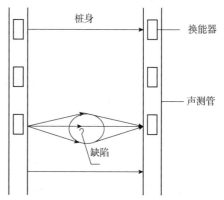

图1.1-8　脉冲声波在缺陷介质中的传播路径

扩散衰减而发生声波能量的巨大损失,且接收声波波幅值的大小与声波能量的衰减程度成正比,再加上波幅对缺陷的敏感性很强,因此脉冲声波经混凝土缺陷后,接收声波波幅值会因声波能量的巨大衰减而发生明显的降低。

3) 接收声波频率变化

不同频率成分的声波在介质中的衰减程度表现出高频成分比低频成分衰减大的规律。脉冲声波是一种含有多种频率成分的复频波,穿过混凝土介质后高频成分的衰减程度比低频成分的衰减程度大,造成接收信号的主频向低频端漂移,这种漂移的多少取决于混凝土桩身完整性程度。混凝土桩身完整性程度较高时,则无漂移或漂移值较小;混凝土桩身含有的缺陷越多,则漂移值就越大。因此可根据接收波频率的变化大小来判断混凝土桩身完整性程度。

4）接收声波波形的变化

引起脉冲声波波形变化的原因主要有以下3点：

①脉冲声波发生频散和频漂现象。脉冲声波是一种由多种频率成分的余弦波叠加而成的复频波，它在介质中传播时会发生频散和频漂现象，频散和频漂现象均会造成脉冲声波波形的畸变。频散是指脉冲声波在介质中传播时，高频率的余弦波传播速度快，低频率的余弦波传播速度慢的现象。频漂是指脉冲声波在介质中传播时，高频成分的衰减比低频成分大，造成脉冲声波频谱发生变化、主频向低频端漂移的现象。由频散和频漂引起的波形畸变如图1.1-9所示。

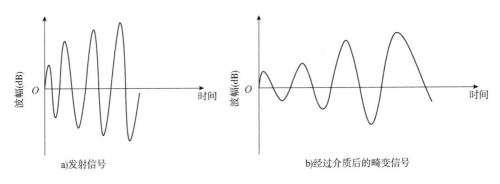

图1.1-9 脉冲声波发生频散、频漂时的波形畸变

②传播时间不同引起的波形叠加。脉冲声波在缺陷界面处发生反射、折射等现象，形成一系列波线不同的波束，这些波束因为传播路径的不同，或由于在异质界面上产生波形转换而形成横波等原因，到达接收换能器的时间不同，因而使接收波成为许多同相位或不同相位波束的叠加，造成接收波波形的畸变。

③非缺陷因素的影响。换能器本身复杂的振动模式、换能器性能的变化、耦合状态的不同及各种不同类型波叠加而成的后续波等非缺陷因素也会导致接收波波形的畸变。

1.5.4 脉冲声波经过混凝土缺陷后的表现特征

由脉冲声波及其传播特征可知，当脉冲声波透过空洞、夹泥、蜂窝、离析等混凝土缺陷时，脉冲声波的声学参数会发生显著的变化，主要表现为以下几点：

①透过混凝土介质后，声时增加，波速降低。

②透过混凝土介质时，声波能量会衰减，进而导致接收声波波幅的降低和接收声波频率的降低。

③透过混凝土介质后，接收波波形发生畸变。

实践证明，脉冲声波在透过正常混凝土介质和有缺陷混凝土介质后的接收声波波形有着显著的不同。

正常混凝土波形如图 1.1-10 所示,其特征为:

①首波陡峭,振幅大。

②第一个周期的波形无畸变,第一个周期后半周期的波达到较大的振幅。

③接收波的波形包络线呈半圆形。

缺陷混凝土波形如图 1.1-11 所示,其特征为:

①首波平缓,振幅小。

②第一个、第二个周期的波形有畸变,第一个周期后半周期到第二个周期的波幅增加不明显。

③接收波的包络线呈喇叭形。

④当混凝土缺陷严重且范围大时,无法接收声波。

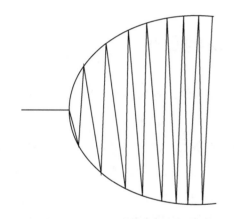

图 1.1-10 正常混凝土波形特征

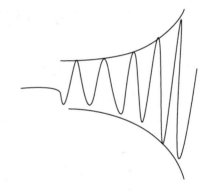

图 1.1-11 缺陷混凝土波形特征

脉冲声波经过具有不同程度缺陷的混凝土的波形如图 1.1-12 所示。

①正常混凝土波形图:首波正常起跳,波幅饱满且呈包络线形。

②轻微缺陷混凝土波形图:首波波幅较小,随后波幅较正常混凝土波幅偏小,不能形成包络线。

③较严重缺陷混凝土波形图:首波波幅极小、波形畸变,已严重偏离简谐振动波形。

④非常严重缺陷混凝土波形图:波形无法被采集到,表明混凝土存在极严重问题,如夹泥。

因此在理论上,脉冲声波的声时、声速、接收声波的波幅、频率以及波形等都可以作为评判混凝土桩身完整性程度的重要指标。

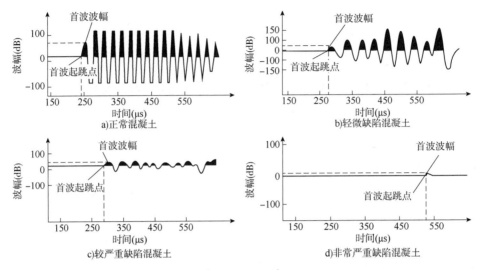

图 1.1-12 脉冲声波经过不同程度缺陷的混凝土的波形

1.6 声波透射法的原理

要了解声波透射法的基本原理,首先要了解声波透射法现场检测系统和检测过程。检测系统如图 1.1-13 所示。

从上节内容可以知道,当脉冲声波通过有缺陷的混凝土介质时,脉冲声波的声速、波幅、主频和波形等声学参数会发生明显的变化。声波透射法的检测原理就是以通过混凝土介质后脉冲声波的声学参数变化特征为依据,判定混凝土桩身完整性。

检测过程为:发射换能器被置于被测桩的声测管中,它将发射系统送来的电信号转换成脉冲声波并经过耦合水和声测管壁向桩身混凝土介质内辐射,脉冲声波在混凝土介质的异质界面和缺陷处发生反射、折射、绕射等现象,从而使得脉冲声波的传播路径变得复杂、传播指向性变差、声波能量发生衰减。脉冲声波在桩身混凝土介质中传播后,经另一个声测管壁及其内部的耦合水,被安置在其中的接收换能器接收,转化为电信号,由接收放大器放大,由数据采集系统将数据离散化(按一定的时间间隔采样)转化成二进制,送入微型计算机。一方面储存采集到的时间序列的数据信号,另一方面通过仪器内部的分析软件自动计算分析桩身各个截面处的声时值、声速值、波幅值、主频和波形等,并将其以数据模式、曲线分析模式、波形模式等方式显示于非金属超声波检测仪屏幕上。对声学参数数据进行分析、修正和处理后,就可以对桩身混凝土缺陷的范围、程度及空间位置做出准确的判断和评价。

声波透射法检测过程如图 1.1-14 所示。

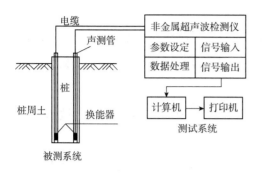

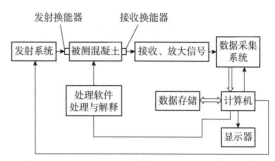

图 1.1-13　声波透射法检测系统　　　　图 1.1-14　声波透射法检测过程

1.7　声波透射法的应用现状与不足

声波透射法在基桩质量检测中已广泛应用,取得了不菲的成绩。但当声测管发生弯斜时,测点波速计算的理论前提已不复存在,声波透射法检测的质量大大降低,国内外已有人针对声测管倾斜问题提出了修正方法,如拟合消除法、频域数据处理法、异常特征推理消除法,但均有一定的局限性,效果不太理想。本书针对该问题进行了深入分析和研究,提出了空间位置声测管弯斜修正方法,成功解决了该问题。

本章参考文献

[1] 韩小敏.声波透射法在基桩质量检测中的应用研究[D].武汉:武汉理工大学,2007.

[2] 李洪东,张洪亮,王海军.超声检测法在桩基检测中的应用[J].黑龙江水专学报,2010(02):73-75.

[3] 刘轩雄.低应变法和声波透射法检测灌注桩桩身完整性效果分析[J].浙江建筑,2017(3):29-34.

[4] 郭全生,王向平,付永刚,等.关于基桩声波透射法中检测盲区的探讨[J].工程质量,2017,35(9):77-80.

[5] 杨永亮.超声波透射法在桩基完整性检测中的应用[D].武汉:武汉理工大学,2012.

[6] 吴桂林,刘宗明,赵宾.公路工程基桩的声波透射检测应用研究[J].公路,2014(6):340-344.

[7] 张宏,鲍树峰,马晔.基于声波透射法的大直径超长桩的完整性分析[J].路基工程,2007(5):45-47.

[8] 杨甦.声波透射法及低应变法在桩基检测中的综合应用[J].安徽建筑,2019,26

（11）：165.

[9] 陈彦全.基桩检测中声测管管间距修正方法的研究[J].建材与装饰,2016(22):49-50.

[10] 高顿,白军营.声波透射法在冲孔灌注桩质量检测中的应用研究[J].港工技术,2020,
57(1):113-116.

[11] 郑明燕,孙洋波.声波透射法在灌注基桩完整性检测中的应用研究[J].铁道建筑,
2010(10):137-139.

[12] 韩亮,王正成.声波透射法新技术在桥梁灌注桩检测中的应用[J].铁道建筑,2006
(10):1-4.

[13] 刘欢.声波透射法与钻芯法在桩基检测中的应用[J].交通世界,2020(28):122-123.

[14] 刘志强.声波透射-钻芯综合检测法在桩基检测中的应用[J].科技创新与应用,
2019(27):175-177.

[15] 刘仰玉,鲁守尊,李奎杰,等.声波透射法在南水北调调压井桩基完整性检测中的应
用[J].山东农业大学学报(自然科学版),2019,50(4):661-665.

[16] 蔡彩君.斜管测距修正方法在灌注桩超声波透射法中的应用[J].住宅与房地产,
2019(19):174-175.

[17] 吴家彬.桩基检测工作中声波透射法及低应变法的应用[J].四川建材,2020(9):39-40.

[18] 董承全,张佰战,胡在良,等.桩身完整性不同检测方法的对比试验[J].铁道建筑,
2009(12):75-77.

[19] 刘之雨.超声波法检测基桩质量的模糊综合评判理论与应用研究[D].合肥:安徽建筑
大学,2017.

[20] 贾永涛.声波透射法在混凝土灌注桩完整性检测中的改进研究[D].天津:河北工业大
学,2015.

[21] 陈凡,徐天平,陈久照,等.基桩质量检测技术[M].北京:中国建筑工业出版社,2003:
222-312.

[22] 付钟.浅谈超声波桩基检测中的基本物理量[J].北方交通,2017(6):72-74.

[23] 陈国栋.超声波在混凝土桩基础无损检测中的应用研究[D].武汉:武汉理工大学,2005.

第2章　声波透射法现场检测设备及检测方法

2.1　检 测 设 备

采用声波透射法进行混凝土桩的现场检测,所用设备主要包括非金属超声波检测仪（图 1.2-1）、三脚架、计深装置、径向换能器和信号线,检测示意图如图 1.2-2 所示。

图 1.2-1　非金属超声波检测仪

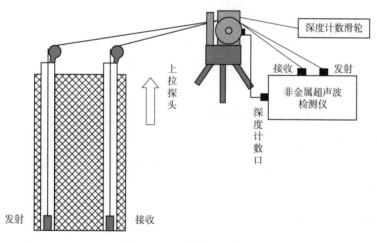

图 1.2-2　现场检测示意图

2.1.1　非金属超声波检测仪

1）组成

①高压发射与控制部分:主机同步信号控制高压发射电路产生的高压脉冲;高压发射电路产生的高压脉冲激励发射换能器实现电声转换。

②程控放大与衰减部分:对接收换能器转换的电信号进行调整、放大,将接收信号调节到最佳电平。

③模数转换与采集部分:将调节后的最佳电平转换为数字信号,并传递给计算机。

④计算机部分:对数字信号进行各种处理。

2)作用

①向待测混凝土结构发射脉冲声波,并接收穿透混凝土介质后的脉冲信号。

②记录和显示脉冲声波穿过混凝土的时间、接收信号的波形等。

③自动计算脉冲声波在混凝土介质中的传播速度,并对所显示的波形进行适当处理和频谱分析。

3)功能

①信号放大。

②信号滤波。

③实时动态显示波形,实时显示首波。

④自动读取声参数,计算声参数。

⑤内置智能处理软件,实用、方便、功能强大。

⑥自动记录声波发射换能器与接收换能器位置。

⑦自动采用适当的放大倍数。

⑧可用计算机软件自动进行声时、波幅、频率等的判读。

⑨灵活高效的数据记录、数据处理和数据显示方式。

⑩实时、快速的现场分析功能。

⑪可实现原始数据和结果的方便管理。

⑫兼顾通用性和专用性。

⑬具有友好的显示界面,以便能够更好地观察波形曲线和声学参数曲线的特征变化,对缺陷做出准确可靠的评判。

⑭具有清晰、稳定显示的示波装置。

4)性能要求

①接收灵敏度高,对微弱信号识别能力强,可准确检测缺陷的大小和范围。

②声时最小分辨度为 $0.1\mu s$。

③具有最小分辨度为 1dB 的衰减系统。

④接收放大器的频响范围为 10~500kHz,总增益不小于 80dB,接收灵敏度不大于 $50\mu V$。

⑤电源电压波动范围在标算值±10%的情况下能正常工作。

⑥连续正常工作时间不少于 4h。

⑦声波发射脉冲为阶跃或矩形脉冲,电压幅值为 200~1000V。

⑧具有手动游标测读和自动测读方式。自动测读时,在同一条件下,1h 内每隔 5min 测读一次声时的差异应不大于±2 个采样点。

⑨波形显示幅度分辨率应不低于 1/256,并且具有显示、存储、输出、打印数字化波形的功能,波形最大存储长度不宜小于 4kb。

⑩自动测读条件下,在显示的波形上有光标指示声时、波幅的位置。

⑪具有幅度谱分析功能、快速傅里叶变换功能。

2.1.2　径向换能器

1)作用

①实现电、声信号之间的转换。

②发射进入混凝土介质和接收穿过混凝土介质后的脉冲声波信号。

③接收换能器能够放大微弱的脉冲声波信号。

2)原理

发射换能器的基本原理为反压电效应,即在压电体上加一突变的脉冲电压,使处于电场中的压电体产生相应的突然激烈变形,从而激发压电体自振,发出一组声波,实现电、声信号的转换。

接收换能器的基本原理为正电压效应,即压电体与一具有声振动的物体接触,因物体的振动而使压电体被交变地压缩或拉伸,因而压电体输出一个与声波频率对应的交变电信号,实现声、电信号的转换。

3)功能

①发射换能器:实现电能向声能的转换,并向混凝土介质中发射脉冲声波。

②接收换能器:接收穿过混凝土介质后的脉冲声波信号,实现声能向电能的转换,并将其放大。

4)性能要求

①采用能产生圆柱状振动的径向换能器,沿径向(水平方向)无指向性。

②径向换能器的谐振频率宜为 30~60kHz,直径不宜大于 32mm,有效工作面轴向长度不大于 150mm。当接收信号较弱时,宜采用带前置放大器的接收换能器。

③换能器的实测频率与标称频率相差应不大于±10%。

④具有良好的水密性,应保证在 1MPa 水压下不渗漏。

2.1.3 声测管

1）作用

①是发射换能器、接收换能器的检测通道。

②有时还可以替代一部分主钢筋截面。

③当桩身存在明显缺陷或桩底持力层软弱、达不到设计要求时，声测管可以作为桩身压浆补强或桩底持力层压浆加固的处理通道。

2）分类

①钢管。优点为：便于安装，可焊接在钢筋笼骨架上；刚度较大，埋置后基本保持平直度和平行度；可代替部分钢筋截面。缺点为：价格昂贵。

②钢制波纹管。优点为：管壁薄，节约钢材，抗渗，耐压，强度高，柔性好；可直接绑扎在钢筋骨架上；重量轻，操作十分方便。

③塑料管。优点为：声阻抗率较低，介于混凝土与水之间，具有较大的透声率。缺点为：应用于大型灌注桩时，会因混凝土温度的下降而产生径向和纵向的收缩，造成空气或水的夹缝，从而导致误判；刚度小，声测管易变形、偏移。

3）选取原则与要求

声测管的选择要综合考虑经济性和适用性两个因素，所选择的声测管应当具有以下特性：

①有足够的强度和刚度。目的是防止声测管产生不必要的变形和破损，保证其外壁与混凝土黏结良好而不产生剥离缝，避免影响测试结果。

②有较大的透声率。目的是保证声波能量尽可能多地进入混凝土介质和尽可能多地被接收换能器接收，提高检测精度。

③声测管内径通常比径向换能器的直径大 10~20mm 即可。管内径太大则管材消耗大、换能器居中性差，管内径太小则换能器移动时可能会遇到障碍，故声测管内径不能太大，也不能太小。

④声测管的管壁厚度在一定强度和刚度的条件下应当尽量薄。其原因是虽然声测管的管壁厚度对超声波声速影响不大，一般不做特殊限制，但从节省钢材的角度考虑，管壁应尽量薄些。

⑤便于安装，成本较低。

4）连接要求

声测管连接方式如图 1.2-3 所示。

声测管连接要求为：

①有足够的强度和刚度，保证声测管不因受力而弯折或脱开。

②要有足够的水密性,保证在较高的静水压力下不漏浆。

③接口内壁应保持平整通畅,不应有焊渣、毛刺等凸出物,以免妨碍换能器的上下移动。

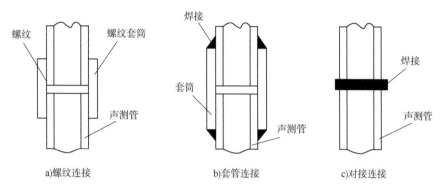

图1.2-3　声测管连接方式

5)埋设要求

声测管的埋设要求为:

①声测管应一直埋到桩底,且底部应密封。

②如果受检桩不是通长配筋,则在无钢筋笼处的声测管间加设箍筋,以保证声测管的平行度。

③在埋设前,声测管的上端应使用螺纹盖或者木塞封口,以免落入异物、阻塞管道。

面对降低检测成本和提高检测精度的矛盾,《建筑基桩检测技术规范》(JGJ 106—2014)对声测管的埋置数量及埋置方式作出了如表1.2-1所示的规定。

声测管埋置数量与方式的规定　　　　　　　　　　　　　　表1.2-1

受检桩设计桩径 D(mm)	$D \leqslant 800$	$800 < D \leqslant 2000$	$D > 2000$
声测管埋置数量(根)	2	$\geqslant 3$	$\geqslant 4$
声测管布设图	北	北	北

2.2　现场检测操作步骤

根据声波换能器在桩体中布置形式的不同,可将声波透射法分为桩内跨孔透射法、桩内单孔透射法和桩外孔透射法三种,其中最常用和最可靠的是桩内跨孔透射法。以下介绍桩内跨孔透射法的现场检测操作步骤。

2.2.1 检测前准备工作

1)声测管处理

在进行现场操作时,首先要对声测管进行处理,包括声测管检查和声测管编号。

进行声测管检查的目的是检验声测管中是否有异物、是否被堵塞,以保证声测管的畅通,使声波换能器能够在声测管中上下自由提升而不被卡住。检查方法是用测绳系钢筋头,在声测管中上下移动,查看其通畅性。

按照《建筑基桩检测技术规范》(JGJ 106—2014),以正北方向为起点,按顺时针顺序对声测管进行编号,如图1.2-4所示。

2)测量并记录参数

①量测管距:对声测管间距进行量测并记录,量测距离为两声测管之间的净距,即两声测管外管壁之间的距离,量测组数为C_n^2组(n为声测管的个数),量测工具为卷尺,如图1.2-5所示。

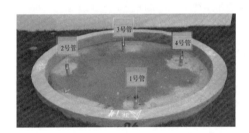

图1.2-4　声测管编号

图1.2-5　声测管间距测量

②量测声测管直径:声测管直径的量测包括内径和外径,量测工具为游标卡尺,如图1.2-6所示。

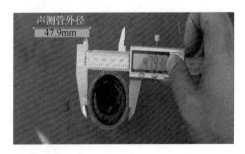

图1.2-6　声测管直径测量

③量测声波换能器直径:用游标卡尺量测声波换能器的直径,如图1.2-7所示。

④量测声测管外露长度:用卷尺对声测管外露长度进行量测并记录,如图1.2-8所示。

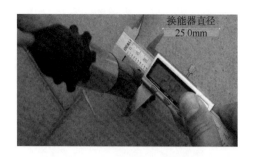
图1.2-7　声波换能器直径测量

图1.2-8　声测管外露长度测量

3）声时修正

新仪器投入使用前，应对仪器的系统零声时进行修正，其方法是将换能器两两十字交叉，在仪器参数设置里点击"零声时"进行声时获取。其具体操作步骤如下（以1号和2号声测管为例）：换能器十字交叉→参数设置里点击"零声时"→点击"获取"→点击"确定"，如图1.2-9所示。

图1.2-9　零声时测量

零声时修正时需要注意两点：一是在新仪器使用前，每个检测剖面的零声时都应进行修正；二是在线序不变的情况下，无须每次检测前都进行零声时的测读。当遇到仪器长久放置不用或者送检、维修等情况，重新进行零声时修正。

将测量的声测管外径、声测管内径和换能器直径分别输入参数设置界面的相应位置，"水声速"（1.5km/s）和"声测管声速"（5.0km/s）选择默认值，非金属超声波检测仪自动计算出声测管声时修正值，如图1.2-10所示。

2.2.2　检测设备的安装与连接

1）检测设备的安装

①架设三脚架：三脚架应架设平稳牢固，高度以方便检测人员拉线为宜，同时保证计深装置安装面的水平，如图1.2-11所示。

②安装计深装置:将计深装置安装在三脚架上,计深装置的导线轨要朝向基桩,如图1.2-12所示。

③放换能器:将换能器分别下放至检测剖面的声测管中。为了保护信号线、保障检测过程中换能器提升顺畅,在声测管管口分别放置管口导向轮,导向轮要朝向计深装置的架设方向,如图1.2-13所示。

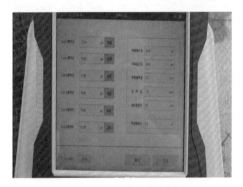

图1.2-10 声测管声时修正

图1.2-11 三脚架架设

图1.2-12 计深装置安装

图1.2-13 换能器下放

④下放信号线:在声测管中缓慢下放连接换能器的信号线,下放到位置后,对换能器提放几次,确保换能器放到管底;将信号线铺设到计深导轨中。

⑤核对管口信号线刻度并收紧信号线:信号线下放完成后,应核对管口信号线刻度,核对桩长是否符合设计图纸,并将信号线收紧,以保证换能器处于同一水平高度,如图1.2-14所示。

2)检测仪器的连接

①连接换能器:将换能器按照声时修正的连接顺序,把相应的信号线插头分别插入相应的插孔中。插入时注意红点对红点,如图1.2-15所示。

②计深装置有线连接:用随仪器配置的信号线,将主机的计深插口和计深装置的插口连接起来,连接成功后,仪器主机的右上角会出现"有线连接成功"的标识,如图1.2-16所示。

图 1.2-14　管口信号线刻度核对

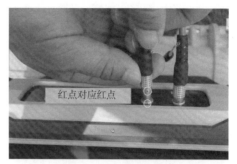

图 1.2-15　换能器连接

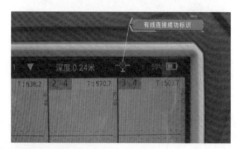

图 1.2-16　计深装置有线连接与显示标识

③计深装置无线连接：长按开机键，待红灯闪烁，计深装置进入蓝牙配对模式，仪器开机，依次点击"基桩超声波检测"→"参数设置"→"高级设置"→"计深配对"，进入计深装置配对界面，在仪器的参数设置中按照提示进行连接。配对成功后，仪器主机的右上角会出现"无线连接成功"标识，如图 1.2-17 所示。

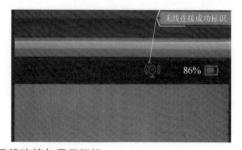

图 1.2-17　计深装置无线连接与显示标识

2.2.3　检测

1）仪器参数的设置

①输入参数：在非金属超声波检测仪首页界面点击"基桩超声波检测"，进入测桩界面，然后点击"参数设置"进入参数设置界面，进行各参数的设置，如图 1.2-18 所示。根据实际填写工程名称、基桩编号、设计桩长、设计桩径、测管数量和测线间距；根据声测管编号、信号线颜色以及插入通道的情况，完成设置，使得仪器显示和实际管号一致，以保证数据的溯源性；将之前测

量好的各剖面的声测管间距输入对应的选项中,注意区分通道,避免填错管距。

②声测管位置的调整:根据实际埋管位置,大致调整示意图的声测管起点位置,也可以根据测试需求选择是否记录某剖面数据,如图 1.2-19 所示。

图 1.2-18　参数输入界面　　　　　　图 1.2-19　声测管位置调整

③高级设置:点击"高级设置",进入高级设置界面,如图 1.2-20 所示。"采样周期"选择默认的 0.5μs。"发射电压"选择默认的 500V(当管距较大,波形信号不是很明显时可以适当将发射电压调至 1000V;当管距较小、增益为 0 的情况下,首波被削弱,此时可以将发射电压调整为 250V 或 125V)。"波形点数"是指由多少个数据点组成一条波形,当选择 1024 时,表示一条波形曲线由 1024 个数据点构成,一般根据需要进行选择。"检测规范"应根据实际检测的要求选择,不同的规范在临界值的计算上有些细微的差别,如果找不到所需规范,可以进行定制。"手动记录"选项默认关闭,当计深装置出现问题或需要手动检测时,可选择人工读取提升高度,手动记录波形数据。"零点停采"选项默认关闭;开启后,当数据采集至管口或零点位置时,仪器自动停止采集并保存数据。"波形方向"选项用于调整首波所在象限。"声速、声幅上下限控制"开启时,可以对异常波形的参数进行限值处理,优化曲线的显示效果。打开"PSD 开关",可将 PSD❶ 曲线显示在分析曲线界面上。

④计深校正:新仪器出厂前都进行过计深校正,后期使用过程中出现计深不准的情况时,可以进行计深校正,将仪器的计深校准至正确的状态,其操作步骤在界面上有所提示,如图 1.2-21 所示。

2)开始检测

设置非金属超声波检测仪参数后,就可以进入混凝土桩的检测过程。

①波形调整:点击"采样",仪器自动搜索波形,搜索完成后对首波进行调整,点击波形波列区,弹出菜单,选择"宽屏显示",查看各个剖面并进行首波位置的调整。如图 1.2-22 所示。首波起始位置在单剖面波形显示区域的 1/3 处为宜,不合适的话,后期会由于延时造成波形跳出波形显示区域。波幅调整以首波调整为半相位的 1/3~1/2 处为宜,过大则容易造

---

❶　PSD:功率谱密度。

成削波,过小则仪器捕捉不到首波、后期数据处理烦琐。可以通过上下滑动来调整波幅显示,也可通过增益加、增益减来调整波幅显示;阈值加减可以有效过滤杂波干扰,保证仪器更好定位首波;左右移波可以调整波形延时和首波起跳位置。逐个剖面对波形进行调整,调整完成后点击"新存",输入桩底读数(即管口刻度)和外露管口后点击"确定"即可。

②数据采集:均匀缓慢地拉动信号线,拉线速度不宜大于0.5m/s,在仪器的左上方有限速提示,直到换能器被拉至桩顶,测量完成,如图1.2-23所示。在数据采集过程中,显示模式可以选择波形模式、分析曲线模式、数据列表模式、柱状图模式中的任意一种。

③保存数据并进行数据的分析。

图1.2-20　高级设置操作

图1.2-21　计深校正

图1.2-22　波形调整

图1.2-23　数据采集

本章参考文献

[1] 陈凡,徐天平,陈久照,等.基桩质量检测技术[M].北京:中国建筑工业出版社,2003:222-312.

[2] 吴紫盛.声波透射法在桩基检测中的应用[J].散装水泥,2020(6):79-82.

[3] 赵守全.基桩声波透射法检测中声测管埋设问题的探讨[J].甘肃科技,2008,24(11):77-80.

[4] 中华人民共和国住房和城乡建设部.建筑基桩检测技术规范:JGJ 106—2014[M].北京:中国建筑工业出版社,2014.

第3章　测试理论及可靠度评判

在混凝土桩身完整性的现场实际检测中,能从非金属超声波检测仪上直接得到的声学参数有:各测点声时、各测点声速、各测点波幅值、声速临界值、声速平均值、波幅临界值、波幅平均值、各声学参数-深度曲线(比如声速-深度曲线等)、各测点数据列表及各测点波形图像。

检测数据的可靠度,即真实性和准确性,直接影响着对混凝土桩身完整性程度的评判。了解测试理论,就能够更好地分析检测数据的可靠度,从而能够对混凝土桩的缺陷做出更加真实、准确的判断。

3.1　声时测试理论及可靠度评判

声时测试值的正确与否直接影响声速测试值的大小,而声速测试值是影响混凝土桩缺陷评判的主要声学参数。

3.1.1　影响声时测试精度的因素

在混凝土桩身完整性检测的整个过程中,电声信号的转换过程如下:仪器发出电信号→电信号经信号线传播至发射换能器压电体→压电体将电信号转换为声信号→声信号经换能器壳体、耦合水和声测管壁进入被测混凝土介质→声信号穿过混凝土介质并通过耦合水、声测管及接收换能器壳体传至压电体→压电体将声信号转换为电信号→电信号经信号线传至仪器→仪器接收电信号并显示声学参数值。传播过程如图 1.3-1 所示。

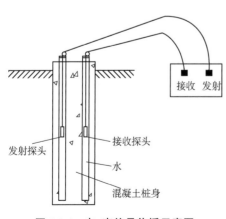

图 1.3-1　电、声信号传播示意图

把非金属超声波检测仪发出电信号到声信号传播至被测介质混凝土前的时间以及声信号穿过混凝土介质到仪器接收电信号的时间统称为测试系统的延迟时间,用 t_y 表示;把声信号经过被测介质混凝土的时间称为声时,用 t 表示。可见电声信号的整个传播时间 t_1 包括测试系统的延迟时间 t_y

和声时 t 两部分,即:

$$t = t_1 - t_y \qquad (1.3\text{-}1)$$

可见,影响声时测试精度的因素是测试系统的延迟时间。测试系统延迟时间根据信号类型的不同,又可分为电延迟时间 t_d、电声转换时间 t_{ds} 和声延迟时间 t_s 三种,即:

$$t_y = t_d + t_{ds} + t_s \qquad (1.3\text{-}2)$$

1)电延迟时间

电延迟时间主要包括发射换能器电延迟时间 t_{df} 和接收换能器电延迟时间 t_{dj}。发射换能器电延迟时间 t_{df} 是指检测仪器发出触发电脉冲并开始计时的瞬间到电脉冲开始作用到压电体的时间,主要包括电路中触发、转换的过程时间,即电路转换过程的短暂延迟响应时间和触发电信号在信号电缆线上短暂的传递时间。接收换能器电延迟时间 t_{dj} 同理。这些延迟时间统称为电延迟时间,用 t_d 表示,即:

$$t_d = t_{df} + t_{dj} \qquad (1.3\text{-}3)$$

2)电声转换时间

电声转换时间 t_{ds} 包括发射换能器电声转换时间 t_{dsf} 和接收换能器电声转换时间 t_{dsj}。发射换能器电声转换时间 t_{dsf} 是指从电脉冲加到压电体到压电体产生振动、发出声波的电声转换时间。接收换能器电声转换时间 t_{dsj} 同理。电声转换时间 t_{ds} 的表达式为:

$$t_{ds} = t_{dsf} + t_{dsj} \qquad (1.3\text{-}4)$$

3)声延迟时间

声延迟时间 t_s 是指声信号从发射换能器压电体出来,经发射换能器壳体、耦合水和声测管以及从声测管出来经耦合水、接收换能器壳体到接收换能器压电体所用的时间,主要包括换能器壳体延迟时间 t_k、耦合水延迟时间 t_w 和声测管延迟时间 t_p 三部分,即:

$$t_s = t_k + t_w + t_p \qquad (1.3\text{-}5)$$

①换能器壳体延迟时间 t_k 是指声信号在换能器压电体至换能器壳体之间的传播时间。

②耦合水延迟时间 t_w 是指声信号(脉冲声波)在耦合水中的传播时间,其计算公式为:

$$t_w = \frac{d_1 - d_2}{v_w} \qquad (1.3\text{-}6)$$

式中: d_1——声测管内径;

$\quad d_2$——径向换能器外径;

$\quad v_w$——脉冲声波在耦合水中的传播速度,取 1480m/s。

③声测管延迟时间 t_p 是指声信号(脉冲声波)在声测管材料中的传播时间,其计算公式为:

$$t_p = \frac{d_3 - d_1}{v_p} \tag{1.3-7}$$

式中：d_3——声测管外径；

$\quad d_1$——声测管内径；

$\quad v_p$——脉冲声波在声测管中的传播速度。钢管取 5940m/s。

电延迟时间、电声转换时间以及声延迟时间导致了电声信号的整体传播时间 t_1 与脉冲声波在被测混凝土介质中传播时间 t 的差异，其中声延迟所占的比例是最大的。

把电延迟时间 t_d、电声转换时间 t_{ds} 以及换能器壳体延迟时间 t_k 三者的总和统称为零声时，用 t_0 表示，即：

$$t_0 = t_d + t_{ds} + t_k \tag{1.3-8}$$

3.1.2　声时测试精度的修正

1）声时修正的必要性

脉冲声波在混凝土介质中的传播速度（即声速）是评判混凝土缺陷的主要参数指标。根据声速的定义可知，声速等于两声测管之间的距离与脉冲声波在混凝土介质中传播时间（即声时）t 的比值，因此非金属超声波检测仪测得的时间必须是脉冲声波在混凝土介质中的传播时间，而不是电声信号的整个传播时间 t_1，故而需要对声时进行修正，使非金属超声波检测仪屏幕上显示的时间就是声时。

2）声时修正理论

根据式（1.3-2）、式（1.3-7）和式（1.3-8）可以推出：

$$t_y = t_d + t_{ds} + t_s = t_0 + t_w + t_p \tag{1.3-9}$$

根据式（1.3-1）、式（1.3-6）、式（1.3-7）和式（1.3-9）可以推出：

$$t = t_1 - t_0 - \frac{d_1 - d_2}{v_w} - \frac{d_3 - d_1}{v_p} \tag{1.3-10}$$

耦合水延迟时间可根据式（1.3-6）计算，声测管延迟时间可根据式（1.3-7）计算，而零声时 t_0 可由时距模拟法和换能器十字交叉法来确定。

时距模拟法是指将发射换能器、接收换能器平行且垂直地悬于清水中，按照一定的间距逐次改变两换能器之间的距离，记录相应的声时和两换能器之间的间距，并作声时-间距线性回归曲线，从而求得测试系统延迟时间的方法。时距模拟法原理如图 1.3-2 所示，时距模拟法零声时回归直线如图 1.3-3 所示。

时距模拟法原理如下：

$$t' = t_0 + kl \tag{1.3-11}$$

式中：t'——时距模拟法中仪器各次测读的声时；

　　t_0——时间轴上的截距，即零声时；

　　k——回归直线的斜率；

　　l——发射换能器、接收换能器辐射面边缘间距。

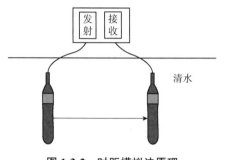

图1.3-2　时距模拟法原理

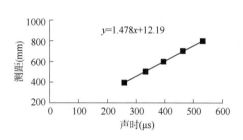

图1.3-3　时距模拟法零声时回归直线

声时-间距线性回归曲线与纵轴声时交点处的时间即为零声时值。

换能器交叉法是指将每一个检测剖面的发射换能器、接收换能器两两十字交叉，在检测仪器的参数设置里点击"零声时"，从而获得测试系统延迟时间的方法。其确定方法如图1.3-4所示。

时距模拟法需要测试并记录多组声时和间距数据，工作量大、重复性高，不仅耗力耗时、工作效率低，而且求得的测试系统的延迟时间与回归曲线的准确度有着紧密的联系。若回归曲线

图1.3-4　声时修正的换能器交叉法

的准确度越高，则求得的测试系统的延迟时间就越精确。与时距模拟法相比，换能器交叉法操作简单、工作量小、重复性低，在检测现场能够快速地测出零声时、工作效率极高，而且测试得到的零声时就是测试系统的延迟时间，精确度极高。

3.1.3　声时可靠度的分析

在现场检测中，为了使显示在检测仪器屏幕上的时间就是脉冲声波在混凝土介质中的传播时间，在检测之前要对检测仪器进行参数的设置，这些参数包括零声时、各剖面管间距、声测管内外径、换能器外径、脉冲声波在耦合水和声测管中的传播速度等。

设置参数以后，非金属超声波检测仪就会根据这些参数和相关理论自动计算出各种延迟时间，并在仪器测试总时间中扣除延迟时间，从而使显示在检测仪器屏幕上的时间就是脉

冲声波在混凝土介质中的传播时间。因此,检测过程中在仪器上显示的声时是真实的、准确的。

3.2 声速测试理论及可靠度评判

声速是指各剖面上的各测点声测管间距与脉冲声波在混凝土介质中的传播时间的比值。由于声速是一项评判混凝土缺陷的主要参数标准,因此它的可靠度尤为重要。

3.2.1 影响声速测试精度的因素

根据声速的定义可以知道,各剖面各测点的实际声速计算公式为:

$$v_{Ti} = \frac{l_i}{t_i} \qquad (1.3\text{-}12)$$

各剖面各测点的仪器实测声速计算公式为:

$$v_i = \frac{l_0}{t_i} \qquad (1.3\text{-}13)$$

由式(1.3-12)和式(1.3-13)可推出:

$$v_{Ti} = \frac{l_i}{l_0} v_i \qquad (1.3\text{-}14)$$

式中: v_{Ti} ——脉冲声波透过各测点混凝土介质的实际声速;

l_i ——声测管各剖面各测点之间的水平距离,单位为 m;

t_i ——脉冲声波透过各测点混凝土介质的时间,单位为 μs;

v_i ——脉冲声波透过各测点混凝土介质的仪器实测速度;

l_0 ——桩顶面两声测管的外壁间距。

由以上各式可知,影响声速测试精度的因素有:声测管的平行度、声时的精确度。

1)声测管的平行度

声测管各剖面各测点之间的水平距离随着声测管的平行程度而变化。当声测管的平行程度极高时,各剖面各测点之间的水平距离就是声测管管口外壁之间的距离,此时仪器实测声速就是脉冲声波通过混凝土介质的实际声速;当声测管的平行程度降低时,各剖面各测点之间的水平距离就不再等于声测管管口外壁之间距离,而仪器实测声速是通过声测管管口外壁之间的距离计算得到,通过仪器屏幕显示出来,因此此时仪器的实测声速就不是脉冲声波透过混凝土介质的实际声速,故而在仪器屏幕上显示的声速是不准确的。

2)声时的精确度

脉冲声波通过声测管各剖面各测点的声时 t 的计算公式为:

$$t = t_{1i} - t_0 - \frac{d_1 - d_2}{v_w} - \frac{d_3 - d_1}{v_p} \qquad (1.3\text{-}15)$$

式中：t_i——脉冲声波通过各测点混凝土介质的声时；

　　　t_{1i}——检测仪器内部实际测试到的各测点声时。

最终显示在检测仪器屏幕上的各剖面各测点的声时扣除了各种延迟作用下的时间。对于用时距模拟法得到的零声时，在检测仪器屏幕上读到的声时可能存在误差，这取决于拟合精度的高低；对于用换能器交叉法得到的零声时，在检测仪器屏幕上读到的声时是准确的，它不会影响声速的测试精度。

从以上理论可以得到，影响声速测试精度的因素主要是声测管的平行度，采用换能器交叉法得到的声时不会影响声速的测试精度，只有采用时距模拟法得到的声时才会影响声速的测试精度。现场检测过程中通常采用换能器交叉法来确定零声时。

3.2.2　各种声速的计算理论

从非金属超声波检测仪上可以直接读到的声速有各测点仪器实测声速、声速平均值和声速临界值三种。

从混凝土试件抗压强度的试验中发现，对于正常的混凝土试件，由混凝土不均匀等随机误差引起的混凝土的质量波动是符合正态分布的，而混凝土的质量与声学参数之间存在着相关性，因此可大致认为正常混凝土的声学参数的波动也是服从正态分布的。对于有缺陷的混凝土试件，缺陷处的混凝土质量将偏离正态分布，因此与缺陷等过失误差对应的声学参数会偏离正态分布。检测仪器也是按照正态分布的原理来计算声速平均值、标准差和声速临界值的。

1）声速平均值、标准差及变异系数

非金属超声波检测仪根据各个测点的实测声速值来计算声速的平均值、标准差和变异系数，并通过检测仪器的显示屏最终显示出来。

声速平均值为 n 个测试值的算术平均值，即：

$$v_m = \frac{\sum_{i=1}^{n} v_i}{n} \qquad (1.3\text{-}16)$$

式中：v_m——声速平均值；

　　　v_i——声测管各测点的实测声速；

　　　n——声测管的测点数。

声速标准差为 n 个测试值的标准差，即：

$$S_v = \sqrt{\frac{\sum\limits_{i=1}^{n}(v_i - v_m)^2}{n-1}} \tag{1.3-17}$$

式中：S_v——n 个测试值的声速标准差。

变异系数 δ 为标准差与算术平均值的比值，即：

$$\delta = \frac{S_v}{v_m} \tag{1.3-18}$$

确定了各测点的声速平均值和声速标准差之后，就确定了声学参数对应的正态分布曲线，可以将正态分布曲线转化为标准正态分布曲线。

$$\lambda_i = \frac{v_i - v_m}{S_v} \tag{1.3-19}$$

式中：λ_i——分位值。

由于各声学参数被近似地认为符合标准正态分布，所以 λ_i 服从标准正态分布，其概率密度函数为：

$$\varphi(\lambda) = \frac{1}{\sqrt{2\pi}} e^{-\frac{\lambda^2}{2}} \tag{1.3-20}$$

其分布函数为：

$$\Phi(\lambda) = \int_{-\infty}^{\lambda} \frac{1}{\sqrt{2\pi}} e^{-\frac{\lambda^2}{2}} dx \tag{1.3-21}$$

2）声速临界值

声速临界值是指脉冲声波在正常混凝土介质中传播时，声速波动的最大、最小值。它是区分声波在混凝土介质中传播时声速随机波动与过失误差的一个判断标准。声速测试值低于这个标准时，就认为该声速测试值偏离了正态分布规律，属于异常值，该测点处的混凝土存在着过失误差（即缺陷）。

针对声速临界值的计算，提出以下假设：

①假设对某一正常混凝土桩进行了 n 个测点的测试。

②假设该混凝土桩的声速临界值恰好是某一测点的声速测试值。

③假设每一个测点得到的相应声速测试值 v_i 都是不同的；即使是相同的，也按照不同来对待。

根据以上假设，每一个声速测试值出现的概率 P 就可以用该测试值的频率来表示，即：

$$P = \frac{\text{该测试值出现的单一频数}}{\text{所有测试值的总数}} = \frac{1}{n} \tag{1.3-22}$$

利用标准正态分布表查出 $P = 1/n$ 所对应的分位值 λ，并通过 λ 和声速临界值、声速平

均值以及声速标准差之间的关系求出声速临界值,即:

$$\lambda = \frac{v_{c0} - v_{m}}{S_{v}} \tag{1.3-23}$$

式中:λ——声速临界值出现的概率所对应的分位值;

v_{c0}——声速临界值。

则由上式公式可得出,声速临界值的上限值为:

$$v_{c0} = v_{m} + \lambda S_{v} \tag{1.3-24}$$

声速临界值的下限值为:

$$v_{c0} = v_{m} - \lambda S_{v} \tag{1.3-25}$$

3)各测点声速

在混凝土桩的声波检测中,在参数设置中要输入桩顶两声测管外壁之间的净距 l_{0},非金属超声波检测仪就是根据仪器实测各测点声波在混凝土介质中的传播时间和桩顶声测管外壁之间的净距来自动计算各测点声速的,即按照式(1.3-13)计算各测点声速。

3.2.3　各种声速可靠度的分析

1)各测点声速的可靠度分析

从上述各测点声速的计算理论可以知道,脉冲声波在混凝土介质中的声速是按照式(1.3-13)计算的,这种计算理论是建立在声测管绝对平行的前提之下的,即沿桩长各测点之间的混凝土间距是完全相等的,因此显示于仪器显示屏上的各测点实测声速的可靠性取决于声测管的平行度。

当各声测管之间绝对平行时,即式(1.3-14)中 $l_{i}/l_{0} = 1$ 时,实测声速就是脉冲声波在混凝土介质中传播的实际声速,有 $v_{Ti} = v_{i}$,其是真实的、准确的。

在实际工程中,声测管之间很难保持绝对的平行,安装时操作不当或声测管连接、固定不好,都会使各声测管之间的平行度降低,导致脉冲声波的实际传播距离 l_{i} 与 l_{0} 之比增大或减小,造成实际声速 v_{Ti} 不等于实测声速 v_{i},此时实际声速比实测声速偏大或偏小。所以当声测管的平行程度降低时,读到的仪器实测声速是不真实的、不准确的,需要对其做适当的修正才可以应用。

2)声速平均值和标准差的可靠度分析

从式(1.3-16)和式(1.3-17)可以看出,从非金属超声波检测仪显示屏上读到的声速平均值和标准差的真实性、准确性与各测点声速的真实性和准确性是紧密相关的,而各测点声速的真实性和准确性又与声测管的平行度有着紧密联系,所以声速平均值和标准差的可靠性与声测管的平行度是紧密相关的。

以概率法的正态分布理论为依据计算声速平均值和标准差时,是计入了所有测点的实测声速值 v_i 并按照式(1.3-16)和式(1.3-17)计算的,这里面包括了由声测管平行度降低和桩身缺陷引起的声速异常值。这些异常值的出现与声测管的平行度和桩身完整性有关,而所求的是正常混凝土部分的声速平均值和标准差,并以此作为判断依据,故而声速平均值和标准差的可靠性又和声测管的平行度、桩身完整性有着密切的关系。

综上,声速平均值和标准差的可靠性是由声测管的平行度和桩身完整性决定的。

①在桩身完整性好、声测管绝对平行的条件下,各测点声速实测值的分布服从正态分布,读到的声速平均值和标准差能够真实地反映正常混凝土的声速平均值和标准差,其是真实的、准确的。

②在桩身完好、声测管的平行度降低,或桩身有缺陷、声测管绝对平行,亦或桩身有缺陷、声测管的平行度降低的三种条件下,有些测点的实测声速值会偏离正态分布,导致从仪器上读到的声速平均值和标准差是计入声速异常值而计算得到的,而声速平均值和标准差是以正常混凝土在声测管绝对平行条件下的声速分布服从正态分布为前提,统计、计算正常波动下的声速值来计算的,因此当混凝土存在缺陷、声测管的平行度降低时,从仪器上读到的声速平均值和标准差是不真实的、不准确的,需要将其修正后再用来评判混凝土桩身完整性程度。

3）声速临界值的可靠度分析

从以上声速临界值的计算理论可以看出,声速临界值的计算是以正常混凝土的声速分布服从正态分布为前提,在满足三个假设条件的情况下,计算声速波动情况下可能出现的最低值。但在实际检测过程中,并不知道所检测桩是否存在缺陷、声速临界值是否恰好是 n 个实测声速值中的一个、声测管是否完全绝对平行,因此从检测仪器上读到的声速临界值的可靠度也是不确定的。

以下讨论各种情况下声速临界值的可靠度:

①当混凝土桩无缺陷、声测管绝对平行、声速临界值恰好是 n 个实测声速值中的一个时,则从仪器上读到的声速平均值和标准差是真实的、准确的,分位值 λ 也就是真实的,从而根据式(1.3-24)和式(1.3-25)可以知道,声速临界值的计算也是真实的、正确的。

②当混凝土桩有缺陷、声测管绝对平行,或混凝土桩无缺陷、声测管平行度降低,抑或混凝土桩有缺陷、声测管平行度降低,这三种情况中的任何一个与声速临界值恰好是 n 个实测声速值中的一个相组合时,则从仪器上读到的声速平均值和标准差是不真实的、不准确的,而分位值 λ 是真实的,所以根据式(1.3-24)和式(1.3-25)计算出的声速临界值也是不真实的、不准确的。

③当混凝土桩无缺陷、声测管绝对平行,而声速临界值不是这 n 个实测声速值中的一个

时,则从仪器上读到的声速平均值和标准差是真实的、准确的,分位值 λ 不是真实的、准确的。因为当声速临界值不是这 n 个实测声速值中的一个时,则声速临界值必定大于 n 个实测声速值,根据 $P = 1/n$ 可知,分位值 λ 发生了变化,且 n 越大,概率 P 就越小,从而得到的分位值 λ 也就越小。而在计算声速临界值时,计算分位值 λ 时假设声速临界值就是 n 个实测声速值中的一个,因此当声速临界值不是这 n 个实测声速值中的一个时,分位值 λ 就不是真实的、准确的,从而根据式(1.3-24)和式(1.3-25)计算出的声速临界值也是不真实的、不准确的。

④当混凝土桩有缺陷、声测管平行度降低、声速临界值不是 n 个实测声速值中的一个时,则从仪器上读到的声速平均值和标准差是不真实的、不准确的,分位值 λ 也就不是真实的,从而根据式(1.3-24)和式(1.3-25)可以知道,声速临界值的计算也是不真实的、不准确的。

3.3　波幅测试理论及可靠度分析

接收波首波波幅是判定混凝土桩身缺陷的另一个重要参数。首波波幅对混凝土桩身缺陷的反应比声速更敏感,但首波波幅的数值与测试系统的性能、状态、设置参数、声耦合状况、测距和测线倾角等因素相关,因此只有在同一检测过程中,上述因素才是相同的,各测点首波波幅的差异才能真实地反映被测混凝土介质差异导致的声波能量的衰减的差异,这也就是接收波波幅为什么不适用于同一根桩的不同剖面或不同桩之间的波幅值比较,而只适用于同一根桩同一剖面不同深度截面间的波幅值比较的原因。

3.3.1　各测点波幅的计算

各测点波幅是指首波的波幅值,有两种计算方法:一种是用分贝(dB)数表示的计算方法,另一种是用检测仪显示屏上首波的高度值来表示的计算方法。

非金属超声波检测仪利用的是分贝数表示的计算方法,即用测点实测首波波幅值与某一基准幅值比较得出的分贝数。

各测点波幅的计算公式如下:

$$A_{pi} = 20\lg\frac{a_i}{a_0} \tag{1.3-26}$$

式中:A_{pi}——第 i 测点的波幅(dB);

a_i——第 i 测点的信号首波峰值(V);

a_0——基准幅值,也就是 0dB 对应的幅值(V)。

3.3.2 波幅平均值和临界值的计算

采用下列方法确定波幅平均值和临界值：

波幅平均值的计算公式如下：

$$A_\mathrm{m} = \frac{\sum\limits_{i=1}^{n} A_{\mathrm{p}i}}{n} \tag{1.3-27}$$

式中：A_m——同一检测剖面各测点的波幅平均值（dB）；

n——同一检测剖面的测点个数。

波幅临界值的计算公式如下：

$$A_{\mathrm{c}0} = A_\mathrm{m} - 6 \tag{1.3-28}$$

式中：$A_{\mathrm{c}0}$——波幅临界值（dB）。

3.3.3 各种波幅值的可靠度分析

1）各测点波幅的可靠度分析

虽然波幅受到很多因素的影响，但在同一剖面的检测过程中，测试系统的性能、状态、设置参数、声耦合状况和测线倾角等因素是不变的，因此各测点波幅值具有相互可比性。虽然无法定量判定桩身混凝土内部的质量情况，但脉冲声波是从混凝土介质中传播出来的，因此可以根据检测仪显示屏上的各测点波列图，定性判定混凝土介质的内部质量情况。

2）波幅平均值和临界值的可靠度分析

在混凝土桩的检测过程中，和声速平均值、临界值一样，从检测仪器上读到的波幅平均值和临界值也计入了异常值；而在实际评判混凝土桩缺陷时，是通过比较波幅实测值与正常混凝土的波幅临界值和平均值的差异来对混凝土桩做出评判，因此从检测仪器上读到的波幅平均值和临界值也是不真实的、不准确的，需要剔除异常点后重新计算波幅平均值和临界值，并以此作为评判混凝土桩缺陷的依据。从以上理论分析可以知道，波幅平均值和临界值与混凝土桩身完整性和声测管的平行度有着紧密的联系。

3.4 主频及波形可靠度的分析

接收波主频反映了脉冲声波在混凝土介质中的衰减状况，进而间接地反映混凝土质量的好坏。接收波主频的变化同样受测试系统的性能、状态、设置参数、声耦合状况、测距和测线倾角等非缺陷因素的影响，且只适用于同一剖面的桩身检测，其波动特征与正态分布也存在偏差,测试值没有波速稳定,对缺陷的敏感性不及波幅。目前,通常仅用主频的漂移指标作为声速、波幅的辅助判据,仅可以对桩身混凝土缺陷做出定性的描述。

实测波形可作为判断桩身混凝土缺陷的另一个辅助判据,因为实测波形仅可以对桩身混凝土做出定性的描述,而不能做出定量的分析。通常,通过波形的畸变来判断混凝土桩的缺陷。

3.4.1　主频计算理论

对接收波主频的测量方法主要与检测仪器的类型有关,模拟式声波仪通常采用周期法,而数字式声波仪通常通过内置的频域分析软件用频谱分析的方法来测量,能够更精确地测出接收声波信号的主频。

非金属超声波检测仪作为数字式声波仪的一种,是通过频谱分析法来测量主频的。

1)频谱分析法的原理

频谱分析法包括时域分析法和频域分析法两种,这两种方法是相辅相成的。

时域分析法对信号波形在时间域内进行分析处理。时域分析法描述信号在不同时刻取值的函数,其横坐标轴为时间,纵坐标轴对应的是某一时刻信号的幅度,具有形象、直观的优点,但也存在大信号掩盖小信号的缺点。

频域分析法是指对信号波形在频域内进行分析处理。频域分析法描述信号取值与频域的对应关系,其横坐标为频率,纵坐标为该频率对应的幅值,具有分析简单、能够找出某些微弱而又重要的信号等优点。

虽然是两种不同的方法,但时域分析法与频域分析法是对同一物理现象分别从两种不同的角度来进行描述和解释。利用非金属超声波检测仪进行混凝土桩身完整性检测时,通常所得信号都是时间域内的响应信号,因此需要将时域信号转化成频域信号,这一变换可以通过傅里叶变换来进行。

2)傅里叶变换

傅里叶分析有傅里叶级数和傅里叶变换之分。对于周期信号而言,使用傅里叶级数较为合适;对于非周期信号,傅里叶变换具有良好的效果,它能实现非周期信号在时域、频域之间相互转换,现今已成为非周期信号处理不可或缺的一种手段。

若时间信号函数 $x(t)$ 是连续可微的,则频域分析的傅里叶变换公式为:

$$X(f) = \int_{-\infty}^{+\infty} x(t) e^{-2\pi jtf} dt \qquad (1.3\text{-}29)$$

傅里叶逆变换的时域分析公式为:

$$x(t) = \int_{-\infty}^{+\infty} X(f) e^{2\pi jtf} df \qquad (1.3\text{-}30)$$

式中: $x(t)$ ——声脉冲信号的时域;

$X(f)$ ——声脉冲信号的频域。

由此可以知道, $x(t)$ 是时域信号, $X(f)$ 是由时域信号经傅里叶变换得到的频域形式。经过傅里叶变换,可以得到信号中包含哪些频率成分。脉冲声波在混凝土中传播时如果遇到缺陷,高频成分会向低频成分偏移,即所谓的频漂现象,可以依据频漂的程度判断混凝土桩缺陷的严重程度。

3) 离散傅里叶变换(DFT)

在实际检测过程中,信号由检测仪器按照一定的时间间隔 τ 采集得到,因此是离散的,在这种情况下就需要用傅里叶变换的离散形式来进行信号分析。

设 $x(k)$ 为非金属超声波检测仪收到的离散信号,则其离散傅里叶变换公式如下:

$$X(k) = \sum_{n=1}^{N-1} x(n) \cdot e^{-\frac{j2\pi nk}{N}} \tag{1.3-31}$$

离散傅里叶逆变换公式为:

$$x(n) = \frac{1}{N} \sum_{n=1}^{N-1} X(k) \cdot e^{\frac{j2\pi nk}{N}} \tag{1.3-32}$$

式中: N ——截取的采样点数;

n ——频域离散值序号;

k ——时域离散值序号。

离散傅里叶变换虽然是一种十分有效的信号处理办法,但是该算法的计算量非常巨大。为了提高离散傅里叶变换的运算速度、简化其运算步骤,Cooely 和 Tukey 于 1965 年提出了快速傅里叶变换(FFT)算法,它是计算傅里叶变换的一种特殊方法,可由相应的计算机软件完成。

4) 快速傅里叶变换(FFT)

快速傅里叶变换的基本思想是把长度为 2 的正整数次幂的数据序列 $x(k)$ 分割成若干比较短的序列来做离散傅里叶变换(DFT),以此来代替原始序列的离散傅里叶变换,在计算完成之后把分割的各个子序列合并,以得到整个序列 $x(k)$ 的离散傅里叶变换结果。

时域分解 FFT 算法的根本思想是:当原始序列 $x(n)$ 里的总项数 N 是 2 的整数次幂时,将它按奇数项和偶数项分成两个半序列 $y(n)$ 和 $z(n)$,则每个半序列又可以继续分成两个 1/4 序列,然后再分成 1/8 序列,以此类推,直到最后每个序列只剩下一项为止。根据 DFT 的定义,每一项本身就是单项序列的离散傅里叶变换。离散傅里叶变换公式如下:

$$X(k) = \sum_{n=1}^{N-1} x(n) \cdot e^{-\frac{j2\pi nk}{N}}$$

$$= \frac{1}{N} \sum_{n=0}^{N/2-1} x(2n) \cdot e^{-\frac{j2\pi k(2n)}{N}} + \frac{1}{N} \sum_{n=0}^{N/2-1} x(2n+1) \cdot e^{-\frac{j2\pi k(2n+1)}{N}}$$

$$= \frac{1}{N} \sum_{n=0}^{N/2-1} y(n) \cdot e^{-\frac{j2\pi kn}{N/2}} + \frac{1}{N} e^{-\frac{j2\pi k}{N}} \sum_{n=0}^{N/2-1} x(n) \cdot e^{-\frac{j2\pi kn}{N/2}}$$

$$= \frac{1}{2} \left[Y(n) + e^{-\frac{j2\pi k}{N}} Z(n) \right] \tag{1.3-33}$$

式中，$k = 0, 1, 2, \cdots, \dfrac{N}{2} - 1$。

在应用离散傅里叶变换时，一般只适用于 $k < N/2$ 的情况。当 $k \geq N/2$，可令 $k = N/2 + C$，其中 C 是正整数，则有：

$$x(k) = \frac{1}{2} \left[Y(n) + e^{\frac{j2\pi k}{N}} Z(n) \right] \qquad k = 0, 1, 2, \cdots, \frac{N}{2} - 1 \tag{1.3-34}$$

$$x(k) = \frac{1}{2} \left[Y(n - N/2) + e^{\frac{j2\pi k}{N}} Z(n - N/2) \right] \qquad k = \frac{N}{2}, \frac{N}{2} + 1, \cdots, N - 1 \tag{1.3-35}$$

利用以上原理，通过检测仪器内置的频谱分析软件就可以得出声波信号的频谱图，在频谱图上振幅最大值对应的频率为声波信号的主频率，简称主频。

脉冲信号的时域分析和频域分析如图 1.3-5 所示。

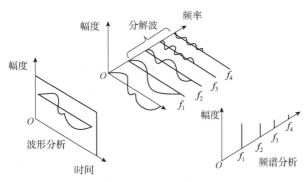

图 1.3-5　频谱分析图

3.4.2　主频和波形可靠度的分析

由于在频谱图上得到的主频是非金属超声波检测仪通过内置频谱分析软件得到的，因此主频是真实的、准确的。脉冲声波在混凝土桩介质的传播过程中，波形受到混凝土介质内部情况的影响，最终显示于检测仪器的显示屏上。但是，通过波形只能够对混凝土桩的缺陷做出定性的描述，而不能对其做出定量的分析，且波形在传播过程中遇到缺陷时往往会产生畸变,因此常常把波形的畸变程度作为判断缺陷程度的依据,并与声速、波幅等主要判据结合使用。

3.5　声学参数的比较

虽然脉冲声波的声时、声速、接收声波的波幅、频率以及波形等声学参数都可以作为评判混凝土桩身完整性程度的参数指标,但是由于各种声学参数受到不同因素的影响,因此这些声学参数在检测的准确程度上有优劣之分,见表1.3-1。

从表1.3-1中可以了解到,当采用综合指标来评判混凝土桩身完整性时,每一个声学参数指标都是特别重要的;当采用单一指标来评判混凝土桩的完整性时,声速值的评判效果最好,该方法不仅稳定性强、敏感性高、应用范围广、受非缺陷因素影响小,而且可以对混凝土桩身完整性做出定性的描述和定量的分析。

各声学参数的比选　　　　　　　　　　　　　　　　　　　表1.3-1

声学参数	声速	波幅、主频和波形
优点	①测试值较稳定,结果的重复性好; ②受非缺陷因素的影响小; ③既可以进行同一桩身不同截面间的声速值比较,也可以进行同一桩身不同剖面间声速值的比较,甚至还可以进行同一工程的不同桩身之间的声速值比较; ④不仅能对桩身缺陷做出定性的描述,而且能对其做出定量的分析	①波幅对混凝土缺陷很敏感,既可对桩身缺陷做出定性描述,又可对其做出定量分析,且各测点波幅实测值可靠性高; ②波幅、主频和波形都能够反映声波能量在混凝土中的衰减状况,间接反映混凝土质量的好坏; ③主频和波形的可靠性高
缺点	①对缺陷的敏感性不及波幅; ②声速实测值、声速平均值和声速临界值的可靠度较低,不及主频和波形可靠	①测试值易受仪器系统性能、耦合状况、测距等非缺陷因素的影响,稳定性较差,没有声速稳定; ②不适用于同一桩的不同剖面或不同桩之间的波幅值的比较; ③波幅平均值和临界值可靠性较低; ④波形和主频对桩身缺陷的敏感性不及波幅
比较	①从稳定性角度来看,声速值的稳定性最好,其余声学参数的稳定性次之; ②从敏感性角度来看,首波波幅值的敏感性最强,其次是声速值,其余声学参数值次之; ③从受非缺陷因素影响的角度来看,声速值受非缺陷因素的影响最小,其余声学参数受非缺陷因素的影响较大; ④从应用范围的角度来看,声速值既可以用于同一桩身不同截面间的比较,也可用于同一桩身不同剖面间的比较,甚至还可进行同一工程不同桩身之间的比较,应用范围较广;而其余声学参数值只能用于同一桩不同截面间的测试值比较,应用范围狭隘; ⑤从评判的角度来看,声速值和波幅值不仅能对混凝土桩身完整性做出定性的描述,还能对其做出定量的分析;而其他声学参数只能对混凝土桩身完整性做出定性的描述; ⑥从可靠性角度来看,虽然声速值、平均值、临界值和波幅平均值、临界值不及主频和波形可靠,但经修正后,仍然具有较高的可靠性	
结论	声速是评判桩身混凝土完整性程度的主要参数指标;波幅是评判桩身完整性的重要参数;主频是评判桩身混凝土完整性程度的辅助参数;波形可以作为评判桩身混凝土完整性程度的参考	

本章参考文献

[1] 刘之雨.超声波法检测基桩质量的模糊综合评判理论与应用研究[D].合肥:安徽建筑大学,2017.

[2] 陈凡,徐天平,陈久照,等.基桩质量检测技术[M].北京:中国建筑工业出版社,2003:222-312.

[3] 孙庆安,湛川,张磊.超声法在桩身质量测试中的应用[J].山西建筑,2010,36(33):112-113.

[4] 盛国赛,陈久照,张春晖,等.超声波透射法验桩规程的补充及测距修正[J].广东土木与建筑,2000(4):31-35.

[5] 李廷,徐振华,罗俊.基桩声波透射法检测数据评判体系研究[J].岩土力学,2010,31(10):3165-3172.

[6] 陈久照,温振统.关于基桩声波透射法声速判据的探讨[J].工程质量,2009,27(9):42-46.

[7] 陈国栋.超声波在混凝土桩基础无损检测中的应用研究[D].武汉:武汉理工大学,2005.

[8] 谢晋鑫.钻孔灌注桩声波透射法检测应用研究[D].西安:长安大学,2011.

[9] 中华人民共和国住房和城乡建设部.建筑基桩检测技术规范:JGJ 106—2014[M].北京:中国建筑工业出版社,2014.

第4章 声测管间距和声速的修正

从第3章内容知道,影响实测声速真实性、准确性的主要因素是声测管的平行度和被测介质混凝土的质量,当声测管绝对平行时,实测声速异常值仅由混凝土的质量缺陷引起;当声测管的平行度降低时,实测声速异常值由声测管的不平行和混凝土的质量缺陷引起。修正时,需要将实测声速异常值剔除后再重新计算声速平均值和声速临界值,并以此作为判断混凝土桩缺陷的依据。

对于由声测管的平行度不足和混凝土的质量不佳而引起的实测声速异常值,在修正时有一定的先后顺序。实测声速异常值分为由混凝土质量导致的异常值和由声测管间距的变化导致的异常值。在未修正声测管间距前直接剔除全部实测声速异常值,那么由声测管间距引起的异常值会被剔除掉,导致计算的声速值失真;剔除实测声速异常值前先进行声测管间距修正,那么由声测管间距导致的异常值绝大部分或全部转变为正常值,将不被剔除。因此在剔除实测声速异常值、修正声速平均值和临界值时,首先要做的就是判断声测管是否绝对平行,其次是对不平行的声测管部分进行管间距的修正,最后才是剔除由混凝土质量导致的声速异常值,进而根据相应的公式和修正方法计算声速平均值、标准差和临界值。

4.1 声测管平行度和缺陷的判定

4.1.1 声测管平行度和缺陷的判定原理

联立式(1.3-12)和式(1.3-13),实测声速应按下式计算:

$$v_i = \frac{l_0}{l_i} v_{Ti} \tag{1.4-1}$$

由该公式可知,对于某一检测剖面的声速-深度曲线,各测点的混凝土质量(可由实际声速 v_{Ti} 表征)、实际测距 l_i 与 l_0 的比值(l_0/l_i 即声测管的倾斜度)都将影响声速-深度曲线的形态。

由于混凝土桩身的质量是变化的,所以实际声速 v_{Ti} 也是波动的。而当声测管不平行时,各测点的测距 l_i 也是变化的,如果只有一个方程,要确定出两个未知量(l_i 和 v_{Ti}),在理论上是不可能的。但是声测管实际间距 l_i 和桩身混凝土实际声速 v_{Ti} 都肯定与各测点深度 z 之间存在着一定的关系,那么推算的声速也必定与各测点深度 z 有关。

不妨将推算的声速 v、桩身混凝土实际声速 v_T 和各测点的实际测距 l 均定义为深度 z 的函数,则式(1.4-1)可改写为:

$$v(z) = \frac{l_0}{l(z)} v_T(z) \tag{1.4-2}$$

根据一元函数商的求导公式,对自变量深度 z 求导可得:

$$\frac{dv(z)}{dz} = \frac{l_0}{l(z)} \cdot \frac{dv_T(z)}{dz} - \frac{l_0 v_T(z)}{l^2(z)} \cdot \frac{dl(z)}{dz} \tag{1.4-3}$$

结合上式和声测管的实际情况,可以进行如下分析:

①由于声测管本身具有一定的刚度,因此在大多数情况下,即使声测管发生倾斜,其仍能够保持为一连续光滑曲线或者分段光滑曲线,在光滑段内相邻测点的测距是连续渐变的,即 $l(z)$ 在光滑段内是可导函数,此时 $\frac{dl(z)}{dz}$ 存在,故而测距 $l(z)$ 对曲线 $v(z)$ 的影响是连续渐变的,有一定的趋势。

②因混凝土质量的变化而引起的实际声速 $v_T(z)$ 对 $v(z)$ 曲线形态的影响往往是突变的,在平均值上下波动,没有一定的趋势。这是因为在桩身缺陷边缘,真实声速 $v_T(z)$ 不是连续变化的,而是突变的,此时 $\frac{dv_T(z)}{dz}$ 不存在,因而 $\frac{dv(z)}{dz}$ 也不存在,即对应 $v(z)$ 曲线上的不可导点。值得注意的是,在声测管弯折和连接固定处,$\frac{dl(z)}{dz}$ 是不可导的,因而 $v(z)$ 曲线上的不可导点也可能是因声测管的弯折和连接固定引起,此时应对照相应测点的波幅和声速的突变值大小将两种情况区分开来。

4.1.2　声测管平行度和缺陷的判定特征

通过以上的理论分析,可以得到声测管平行度和缺陷的判定特征:

①声测管倾斜影响 $v(z)$ 曲线的总体趋势,是一个渐变或者分段渐变的过程,且影响的深度范围较大,属于系统误差。当声测管倾斜使声测管间距变小时,$v(z)$ 曲线中 v 偏离正常值而整体向 v 增大的方向偏离,且偏离值较大;当声测管倾斜使声测管间距变大时,曲线中 v 偏离正常值而整体向 v 减小的方向偏离,且偏离值较大,因此可以根据 $v(z)$ 曲线中 v 的变化趋势来大概判断声测管的倾斜方向和倾斜度。

②桩身混凝土质量的变化[即 $v_T(z)$ 的变化]对曲线 $v(z)$ 的影响是突变的,在声速平均值附近上下波动,同一趋势影响的深度范围小,属于偶然误差。

③桩身缺陷对曲线 $v(z)$ 的影响是剧烈的,一般情况下明显偏离曲线的整体趋势,也属于

偶然误差。

④在声测管绝对平行、桩身混凝土无缺陷的条件下,曲线 $v(z)$ 中 v 在声速平均值附近上下波动,且波动值微小。

在混凝土桩的实际检测中,可以通过声测管平行度和缺陷的判定特征,根据检测仪器给出的声速-深度曲线判定声测管倾斜的范围、程度、方向以及桩身混凝土缺陷所处的位置。

各因素影响下的声速-深度曲线如图 1.4-1 所示。

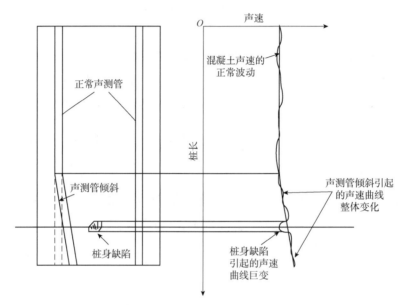

图 1.4-1　斜管修正原理示意图

4.2　声测管产生弯斜的原因及对判桩的影响

使用声波透射法检测混凝土桩的缺陷时,要求声测管之间应相互平行、声测管间距一致,只有这样才能保证同对声测管中各点的声时、波幅的明显变化仅由混凝土的质量(即桩身的缺陷)引起。但往往存在一些原因,造成实际中声测管常常出现倾斜和弯折现象,实测的声时、波幅中大都含有声测管倾斜或歪曲的影响,有的还非常严重。

4.2.1　造成声测管不平行的原因

1)设计和施工方面的原因

由于设计和施工方面的原因,致使钢筋笼横截面上两个用于固定声测管的三角形或四边形不是等边三角形或正方形,以致于固定在其相应定点上的声测管在同节钢筋笼中出现不平行现象。

2）钢筋笼焊接的原因

在钢筋笼吊装焊接时,由于没有将声测管对准,致使声测管连接时发生弯斜。另外,焊接声测管时,某些焊接点焊接质量不佳,在灌桩过程中由于混凝土压力的作用出现声测管脱焊现象,致使声测管不平行。

3）钻孔的原因

由于钻孔弯曲,使钢筋笼在内弯处受侧压力的作用而产生内凹,并使该方位的声测管产生向心移动或内弯,致使声测管不平行。尤其是长桩,由于钢筋笼过长,致使本来具有一定刚度的钢筋笼发生柔性弯曲,在安装钢筋笼过程中极难保证声测管垂直下放,发生一定程度的弯曲不可避免。

4.2.2　声测管不平行对判桩的影响

如果不对声测管间距进行校正,必然会出现检测结果的轻判、重判、漏判或误判。

1）漏判

当缺陷位于声测管部位附近时,声测管靠近引起的声时减少值大于或等于桩身缺陷产生的声时增大值时,则所测得的声时值小于或等于声时平均值,这样就造成缺陷无法被检测到,导致漏判。

2）误判

当声测管外弯,其弯曲部位的声时增大必然使其对应的测点声速降低,当此引起的测点声速损失值大于2倍标准差时,就会造成无缺陷的部位被误判成缺陷。

3）轻判

当桩身的夹泥、断层以及较大的孔洞缺陷位于测管内弯处的中心部位或附近,缺陷引起的声时增大,被测管靠近引起的声时减小抵消一部分,由于其偏差仍大于2倍标准差而被检测到,但却比该缺陷本身引起的声时增大小很多,以至于该缺陷被判为比本身更轻的缺陷。

4）重判

当桩身缺陷发生在测管外弯部位,缺陷引起的声时增大与声测管间距增大引起的声时延长合在一起,因而其偏差值大于缺陷本身引起的偏差值,以至可能将蜂窝、轻度离析等缺陷重判。

鉴于声测管弯斜可能给基桩质量判定带来轻判、重判、漏判、误判等干扰,大大降低了声波透射法的可信度,因此必须进行修正。开展声测管倾斜或弯斜影响及其校正方法的研究,对于正确评定灌注桩桩身混凝土质量意义重大。

4.3　声测管弯斜修正方法研究的现状

声测管弯斜引起的声时、波幅曲线异常,具有低频、变化缓慢、幅值较高、异常范围大等特点。这和桩身缺陷引起的声时、波幅曲线异常所具有的频率高、突发性强、异常范围一般较小的特点具有本质上的差异,因此,可以通过多种方法对声测管弯斜的影响进行校正。目前,声测管间距的修正方法主要有三种:投影法、拟合消除法、异常特征推理消除法。

4.3.1　投影法

1)原理

投影法假定埋设的三根声测管中只有一根发生了倾斜,则在得到的声速-深度曲线中,与该管相关的两个剖面曲线将有可能出现明显的倾斜和偏移,此时可以用投影的方法求出斜管的大致倾斜方向,并通过最小二乘法拟合出管在空间中的直线方程,从而根据方程对声测管间距进行修正。

原理为:由于斜管的倾角较小,可以将测量时两个换能器所在平面近似看作同一水平面,在第 i 个测量水平面,将三个声测管向该水平面投影,如图 1.4-2a)所示。假设只有 1 号管发生了倾斜,记在第 i 个测量水平面的投影为 1-1,而 2 号管、3 号管没有倾斜,因此其投影为两个点。测量时实际的声测管间距为 $R_{2,1i}$ 和 $R_{3,1i}$,而计算时用的声测管间距为 R_{12} 和 R_{13}。假设混凝土是均匀的,那么将两个剖面的声测值转换成相应的声测管间距,再对相应的坐标进行一元线性回归,就可以得到声测管所在空间直线的方程,最后依据此方程推算出每个水平测面的声测管间距修正值。

2)空间直线方程的确定

假设斜管的空间方程为:

$$\begin{cases} z = b_1 dx \\ z = b_2 dy \end{cases} \quad (1.4\text{-}4)$$

式中:dx, dy——点 1_i 相对于点 1 的坐标;

b_1, b_2——系数;

z——以桩顶 1 点为原点,方向铅直向下的坐标(在图 1.4-2 中垂直于纸面向里)。

如图 1.4-2a)所示,点 1_i 可以由两个以实际测距为半径的圆(图中虚线)的交点确定。若将空间斜线分别向 zdx 和 zdy 平面投影,可以分别得到直线 $z = b_1 dx$ 和 $z = b_2 dy$,如图 1.4-2b)所示,这两条直线方程在三维空间中分别代表通过相对坐标 dy 和 dx 的平面,这两个平面的交线即为斜管的空间直线方程。根据测到的声时值,通过一元线性回归拟合得到两个投影直线的方程,就可以得到空间直线的方程。根据此方程可判别斜管的方向、偏移程度并修正声测管间距。

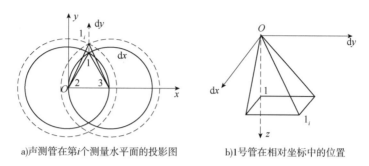

a)声测管在第i个测量水平面的投影图　　b)1号管在相对坐标中的位置

图 1.4-2　声测管投影图

3)声测管间距修正步骤

首先,根据用超声波透射法测得的桩基的三个剖面的声速-深度曲线,判定哪根管为斜管;其次,建立该斜管的相对坐标,用最小二乘法拟合出斜管在相对坐标平面内投影直线的方程;再次,由两个投影方程确定斜管所在空间直线的方程,依据该方程判断斜管的大致倾向和倾斜程度,并修正声测管间距;最后,根据修正后的声测管间距得到拟合后的声速,参照规范判别桩基的完整性。

4.3.2　拟合消除法

1)原理

拟合消除法的原理为:先对声时曲线进行分析,找出受声测管弯曲影响的部分,用多项式或三角函数对其低频变化曲线进行拟合,然后从原始曲线中减去此拟合值,再加上声时平均值,就得到消除了声测管弯斜影响的数据。

2)声测管间距修正模型

假定声测管的不平行是由于声测管在钢筋笼圆周上发生扭曲造成的,而声测管间距变化符合以下条件:

①声测管始终位于钢筋笼圆周上。

②声测管刚度较大,在一定长度范围内基本呈直线。

建立的声测管间距变化模型如图 1.4-3 所示。声测管 A 及 B 经过长度 H 的扭曲后,分别从 A、B 点移至点 A'、B' 点,相应扭曲的角度分别为 β_0、γ_0,而声测管 A、B 在钢筋笼圆周上形成一个弦,其圆心角为 α_0,因而,声测管 A、B 的初始间距为:

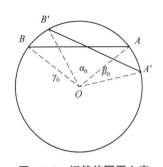

图 1.4-3　钢筋笼圆周上声测管间距的变化

$$L_0 = 2R\sin\left(\frac{\alpha_0}{2}\right) \qquad (1.4-5)$$

经过长度 H（即一段钢筋笼的长度）之后，圆心角为：

$$\alpha' = \alpha_0 + \beta_0 - \gamma_0 \qquad (1.4-6)$$

由于在 H 范围内，声测管在钢筋笼圆周上基本呈直线，声测管的扭转角随长度 x 的变化可看作线性函数，声测管间距和桩身深度的关系可表示为：

$$L(x) = 2R\sin\left(\frac{\alpha_0}{2} + \frac{\beta_0 - \gamma_0}{2H}x\right) \qquad (1.4-7)$$

式中：R——钢筋笼半径。

3）实际声测管间距的计算

实际声测管间距 $L(x)$ 的计算公式为：

$$L(x) = 2R\sin\frac{\alpha_0}{2}\cos\frac{\beta_0 - \gamma_0}{2H}x + 2R\cos\frac{\alpha_0}{2}\sin\frac{\beta_0 - \gamma_0}{2H}x \qquad (1.4-8)$$

α_0 可由在桩顶测量的声测管间距算出，将可量测部分表示为：

$$A_0 = 2R\sin\frac{\alpha_0}{2}, \quad B_0 = 2R\cos\frac{\alpha_0}{2} \qquad (1.4-9)$$

按幂级数展开后可用多项式表示为：

$$L(x) = B + A_1X + A_2X^2 + A_3X^3 + \cdots A_nX^n + \cdots \qquad (1.4-10)$$

利用最小二乘法进行多项式回归。

从上述推导可知，声测管间距与深度的变化基本符合多项式关系。由于混凝土中声速相对稳定，声时-深度的变化主要是由缺陷或管距变化所引起的。缺陷引起的声时变化是突变，在缺陷的数据量相对较少时，声测管间距变化引起的声时变化是连续的，声时-深度曲线可以看作是声测管间距-深度曲线的一种相似曲线，可根据实测的声时-深度曲线进行多次逼近拟合，推算出对应各高程的实际声测管间距，据此得出的各高程的声时-深度及声速-深度关系较符合实际状况。

4）声测管间距修正步骤

多次逼近拟合法假定因变量 Y 由自变量的多项式组成，即：

$$Y = \beta_0 + \beta_1X + \beta_2X^2 + \cdots + \beta_nX^n + \varepsilon \qquad (1.4-11)$$

测出许多组数据 $\{x_i, y_i\}(i = 1, 2, \cdots, n)$ 后进行拟合，基本步骤为：

①从低次方开始，即假定 Y 与 X 基本呈线性关系，则 Y 的观测值 Y_i 等于常量 $\beta_0 + \beta_iX_i$ 加上一个未知量 ε_{1i}，可以写成：

$$Y_i = \beta_0 + \beta_1 X_1 + \varepsilon_{1i} \qquad\qquad (1.4\text{-}12)$$

式(1.4-12)称为观测模型。对于 β_0 和 β_1 的选择,选用最小平方误差作为比较标准,其含义为:若有 n 组观测值,则选的 β_0 和 β_1 应使各组 Y 的计算值与观测值之差 ε_{1i} 的平方和最小。采用高斯-约当法,求得 β_0 和 β_1 的最优估计值。

②进一步假定 Y 是 X 的二次或多次多项式表达式,同样采用最小平方误差,求得各参数的最优估计值。

③考虑到多次计算带来的舍入误差,经验上可采用下述办法确定合适的拟合次数:当由低次到高次逐步拟合时,如果 $\dfrac{\sum\limits_{i=1}^{n}\varepsilon_{1i}^2 k}{n-k-1} \geqslant \dfrac{\sum\limits_{i=1}^{n}\varepsilon_{1i}^2(k-1)}{n-k}$ 成立,则选用 $k-1$ 次多项式拟合,并停止计算;若有 n 组数据,拟合次数最高为 $n-1$。

以上仅讨论了声测管在钢筋笼上扭曲移位所造成的声测管间距变化情况。事实上,由于钢筋笼压扁而造成声测管间距变化的情况下,因为钢筋笼仍有一定的刚度,所以声测管间距变化仍是渐变的,声测管间距与深度的关系依然满足多项式关系,因而上述讨论的结果照样适用。

4.3.3　异常特征推理消除法

1)原理

声测管弯斜异常与桩身缺陷异常最本质的差异在于:前者是渐变型变化,声时梯度小,一般无明显的波幅变化;后者是突变性变化,声时梯度大,波幅变化明显。根据这一差异来消除声测管弯斜的影响,实现保留和纯化桩身缺陷异常的目的。

2)修正步骤

对整体声时曲线进行分析,若有较大范围的逐渐变化的弧形或单斜异常,就表明存在声测管弯斜的影响,需对整条曲线的数据进行统计,求得其声时、波幅的平均值、标准差,然后从中剔除与平均值相差超过 ± 2 倍标准差的数据,再进行第二次统计,算出其平均值、标准差、偏差系数。

①在声测管弯斜不太严重的情况下,后一平均值比较接近混凝土声时、波幅的正常值,可用该值作为混凝土的声时标准值、波幅标准值(分别记作 t_B、A_B)。由于波幅对各类缺陷异常都有明显的反映,而声时对蜂窝类缺陷不敏感,所以,应以波幅的缺陷下限值来区分正常点与有桩身缺陷的测点。当波幅偏差小于 6dB 或相邻两点的声时增量大于其 2 倍标准差时,即可判为缺陷点,并根据它对前一点的声时增量以及前一点经过声测管弯斜影响校正后

的声时值 $t(l-1)$，计算出该点经校正后的声时值 $t(l)$。

②当声测管弯斜较为严重时，第二次得到的声时、波幅平均值与正常混凝土的声时、波幅值相差较大，不能用此平均值作为混凝土的标准值；其波幅明显地受到声测管弯斜的影响，亦不能用波幅平均值减 6dB 作为判定缺陷的临界值。因此，必须对上述方法加以改进。改进方法为：在桩顶量取各声测管对间的距离作为它们的间距，所以当桩头处的混凝土为正常时，此处测得的声时值、波幅值就分别是各对声测管的声时标准值 t_B、波幅标准值 A_B。若桩头处的混凝土有缺陷，则可在桩顶下 $2\sim4m$ 的范围内选取波幅偏差小于 6dB 的几个测点的声时、波幅的平均值分别作为 t_B、A_B。当缺陷出现在声测管有严重弯斜的部位，即使混凝土正常，其波幅值也会高于或低于 A_B。所以，不能以 A_B 减 6dB 作为该处的缺陷临界值，而应以该处缺陷前一点的波幅值作为相对标准波幅 A_C，并以它减 6dB 作为缺陷临界值去搜索缺陷测点。因此，在声测管严重弯斜的管对中，用 $A(l)-A_B\geq6$ 或 $A(l)-A_C\geq6$ 作为判定缺陷点的条件，其中 $A(l)$ 指桩身任意点处的波幅值。

值得注意的是：在校正声测管弯斜影响时，还需考虑在缺陷处声测管的进一步靠近或远离产生的声时减小或增大所引起异常幅度的降低或增高，并设法加以消除，以恢复桩身缺陷原有的异常值。

4.3.4　三类修正方法的比较

三类修正方法（投影法、拟合消除法、异常特征推理消除法）都存在一定的局限性。投影法要求仅有一根斜管，并且考虑了不同的剖面，引入了更多误差因素，本身具有较大的局限性，而且现实中不能保证仅有一根声测管倾斜，这决定了该方法无法在基桩检测中通用。

异常特征推理消除法仅用局部数据修正缺陷处声测管间距，有一定的局限性，而且利用概率法进行筛选有一定的随机性。该技术的关键点在于寻找声测管各深度对应的速度拟合曲线，而声速异常由声测管各深度对应的声测管间距与桩顶管间距的不一致引起，该修正方法未能从声测管所处的空间位置找出声测管产生间距变化的机理及其变化规律，仅是对声测管各深度处对应的速度值进行修正，存在四方面的问题：无法解释推理过程和推理依据；当数据不充分的时候，无法进行修正；把一切声测管不平行问题的特征都变成数字，把一切推理都变为数值计算，其结果势必是丢失信息；理论和算法还有待于进一步完善。从仪器方面来看，仪器生产商所提供的仪器均将桩顶声测管间距作为桩身任一深度的一对声测管的间距，未考虑由于由声测管倾斜或弯折引起的声测管间距的变化，缺少对修正方法的深入研究，多停留在简单的插值处理。

本书探寻声测管各深度对应的声测管间距的变化规律和机理,进而编制可视化软件,对声测管间距进行修正,进一步完善声波透射法检测技术在基桩检测中的应用,提高声波透射法检测结果的准确度。

4.4　声测管间距修正研究

针对声测管的空间位置关系,对声测管间距进行研究,并对声测管在不同空间位置关系下的声测管间距与深度的对应关系进行深入研究。

4.4.1　声测管所处空间位置的划分

两根声测管(未发生弯折)的空间位置可分为三种:①两根声测管相互平行;②两根声测管在同一平面内,但空间相交;③两根声测管空间异面。

处理数据时,各测点声测管间距均以桩顶面两声测管之间的间距 l_0(而非实际间距 l_i)作为它们的计算间距。当两声测管相互平行时,$l_0 = l_i$,此时认为各测点的实际距离等于桩顶管间距是可行的;但当两个声测管不平行时,$l_0 \neq l_i$,此时不能简单地套用 $l_i = l_0$,而应对 l_0 和 l_i 之间的关系进行修正,以获得各测点较真实的 l_i。

4.4.2　平面数学模型的建立

假设条件为:①两声测管虽然发生倾斜、不平行,但仍可视为在同一个面内;②声测管的刚度足够强,施工中在外力作用下声测管不会发生严重的挠曲,声测管可视为由一条或几条直线段组成;③假定混凝土密实,声波在各个测点部位传播的速度可取基桩的平均声速 $\bar{v}$;④忽略由声测管倾斜所引起的发射换能器和接收换能器在竖直方向的差距,即视二者在同一水平位置。

依据各测点的声时值和该测点处的平均声速,可计算出各测点的两声测管对应的理论间距 $l_i' = t_i \times \bar{v}$,其中,$t_i$ 为沿桩第 i 个测点的声时,于是可得到如图1.4-4所示的坐标系下各测点的坐标 (H_i, l_i')。

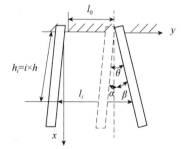

图1.4-4　声测管倾斜剖面图

注:h_i 为竖直高度;i 为声测管倾角。

依据基本假设条件,从图1.4-4中的几何关系易得:

$$\theta = \alpha + \beta \qquad (1.4-13)$$

$$l_i = l_0 + h_i \times (\sin\alpha + \sin\beta) \qquad (1.4-14)$$

而 α、β 非常小,于是有:

$$\sin\alpha \approx \alpha, \sin\beta \approx \beta \qquad (1.4-15)$$

进而式(1.4-14)可写成：

$$l_i = l_0 + h_i \theta \tag{1.4-16}$$

由于 h_i 是一个变量，为了便于表达，可将式(1.4-16)写成：

$$y = xk + b \tag{1.4-17}$$

由于声波透射法检测是等步长的，步长为 h，故有：$h_i = ih$。

设测点的数量为 m，于是在已知各测点的坐标 (H_i, l_i') 的基础上利用最小二乘法计算出：

$$k = \frac{\begin{vmatrix} \sum_{i=1}^{m} l_i & m \\ \sum_{i=1}^{m} h_i \times l_i & \sum_{i=1}^{m} h_i \end{vmatrix}}{\begin{vmatrix} \sum_{i=1}^{m} h_i & m \\ \sum_{i=1}^{m} h_i^2 & \sum_{i=1}^{m} h_i \end{vmatrix}} \tag{1.4-18}$$

进而有：

$$b = \frac{\begin{vmatrix} \sum_{i=1}^{m} h_i & \sum_{i=1}^{m} l_i \\ \sum_{i=1}^{m} h_i^2 & \sum_{i=1}^{m} h_i \times l_i \end{vmatrix}}{\begin{vmatrix} \sum_{i=1}^{m} h_i & m \\ \sum_{i=1}^{m} h_i^2 & \sum_{i=1}^{m} h_i \end{vmatrix}} \tag{1.4-19}$$

$$y = x \times \frac{\begin{vmatrix} \sum_{i=1}^{m} l_i & m \\ \sum_{i=1}^{m} h_i \times l_i & \sum_{i=1}^{m} h_i \end{vmatrix}}{\begin{vmatrix} \sum_{i=1}^{m} h_i & m \\ \sum_{i=1}^{m} h_i^2 & \sum_{i=1}^{m} h_i \end{vmatrix}} + \frac{\begin{vmatrix} \sum_{i=1}^{m} h_i & \sum_{i=1}^{m} l_i \\ \sum_{i=1}^{m} h_i^2 & \sum_{i=1}^{m} h_i \times l_i \end{vmatrix}}{\begin{vmatrix} \sum_{i=1}^{m} h_i & m \\ \sum_{i=1}^{m} h_i^2 & \sum_{i=1}^{m} h_i \end{vmatrix}} \tag{1.4-20}$$

各测点声测管间距为:

$$l_i = h_i \times \frac{\begin{vmatrix} \sum\limits_{i=1}^{m} l_i & m \\ \sum\limits_{i=1}^{m} h_i \times l_i & \sum\limits_{i=1}^{m} h_i \end{vmatrix}}{\begin{vmatrix} \sum\limits_{i=1}^{m} h_i & m \\ \sum\limits_{i=1}^{m} h_i^2 & \sum\limits_{i=1}^{m} h_i \end{vmatrix}} + \frac{\begin{vmatrix} \sum\limits_{i=1}^{m} h_i & \sum\limits_{i=1}^{m} l_i \\ \sum\limits_{i=1}^{m} h_i^2 & \sum\limits_{i=1}^{m} h_i \times l_i \end{vmatrix}}{\begin{vmatrix} \sum\limits_{i=1}^{m} h_i & m \\ \sum\limits_{i=1}^{m} h_i^2 & \sum\limits_{i=1}^{m} h_i \end{vmatrix}} \tag{1.4-21}$$

各测点经修正过的声速为:

$$v_i = \frac{h_i \times \frac{\begin{vmatrix} \sum\limits_{i=1}^{m} l_i & m \\ \sum\limits_{i=1}^{m} h_i \times l_i & \sum\limits_{i=1}^{m} h_i \end{vmatrix}}{\begin{vmatrix} \sum\limits_{i=1}^{m} h_i & m \\ \sum\limits_{i=1}^{m} h_i^2 & \sum\limits_{i=1}^{m} h_i \end{vmatrix}} + \frac{\begin{vmatrix} \sum\limits_{i=1}^{m} h_i & \sum\limits_{i=1}^{m} l_i \\ \sum\limits_{i=1}^{m} h_i^2 & \sum\limits_{i=1}^{m} h_i \times l_i \end{vmatrix}}{\begin{vmatrix} \sum\limits_{i=1}^{m} h_i & m \\ \sum\limits_{i=1}^{m} h_i^2 & \sum\limits_{i=1}^{m} h_i \end{vmatrix}}}{t_i} \tag{1.4-22}$$

利用得到的声速 v_i,结合其他声学参数便可以对基桩质量进行更为准确的判定。

4.4.3　空间数学模型的建立

假设条件为:①两声测管发生倾斜、不平行,且不在同一个面内;②声测管的刚度足够强,施工中在外力作用下声测管不会发生严重的挠曲,声测管可视为由一条或几条直线段组成;③假定混凝土质量密实,声波在各个测点部位传播的速度可取基桩的平均声速 $\bar{v}$;④忽略由声测管倾斜所引起的发射换能器和接收换能器在竖直方向的差距,即视二者在同一水平位置。

如图 1.4-5 所示,以两声测管的轴线 AB、CD 与桩头指定的标高处的水平面的交点 A、C 所确定的直线作为 x 轴,以与 AC 垂直并在同一平面内的一

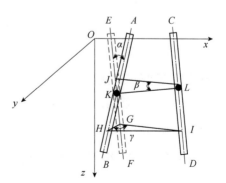

图 1.4-5　声测管倾斜异面图

条直线作为 y 轴，x 轴、y 轴的交点为原点 O，以过 O 点竖直向下的直线为 z 轴。图中，AB、CD 为空间异面直线，KL 为异面直线 AB 与直线 CD 的垂线，EF 为过垂足 K 所作的直线 CD 的平行线，于是便确定平面 ABE、平面 CDE。GHI 为某一测点所处的水平面与直线 AB、直线 CD、直线 EF 所组成的三角形，LJ 为过垂足 L 点的水平面与直线 CD、直线 EF 的交点所连成的线段，α、β、γ 分别为直线 AB 和直线 EF 的夹角、直线 JL 和直线 KL 的交角、任一测点剖面与平面 ABE 和平面 CDE 形成的两条交线之间的夹角。易知 α、β、γ 为定值且 α、β 较小。假定 K 点的坐标为 (X,Y,Z)，某一测点 G 的坐标为 (x,y,z)，由几何知识可得：$|GI| = |LJ| = \dfrac{|KL|}{\cos\beta}$ 为定值，$|GH| \approx (z-Z) \times \alpha$。

$$|HL|^2 = |GH|^2 + |GI|^2 - 2|GH||GI|\cos\gamma \tag{1.4-23}$$

式中：HL——某一测点两声测管之间的间距。

$$|HL|^2 = \alpha^2 z^2 + \left(-2Z\alpha^2 - 2\alpha|KL|\frac{\cos\gamma}{\sin\beta}\right)z + \left(\alpha^2 Z^2 + \frac{|KL|^2}{\sin^2\beta} + 2Z\alpha|KL|\frac{\cos\gamma}{\sin\beta}\right) \tag{1.4-24}$$

令：

$$\begin{cases} a = \alpha^2 \\ b = \left(-2Z\alpha^2 - 2\alpha|KL|\dfrac{\cos\gamma}{\sin\beta}\right) \\ c = \left(\alpha^2 Z^2 + \dfrac{|KL|^2}{\sin^2\beta} + 2Z\alpha|KL|\dfrac{\cos\gamma}{\sin\beta}\right) \end{cases} \tag{1.4-25}$$

为定值，令：

$$l = |HL|$$

于是有：

$$l^2 = az^2 + bz + c \qquad \left(c = \frac{b^2}{4a} \text{时可简化为} l = \sqrt{a} \times z + \frac{b}{2\sqrt{a}}\right) \tag{1.4-26}$$

式 (1.4-26) 即为两声测管处于同一平面内时的函数关系，于是可知处于同一平面内的两声测管的间距与对应深度之间的关系仅是两声测管处于异面状态下相应关系的一个特例。此函数式便是两声测管的间距 l 与该测点所处的深度 z 之间的函数关系。下面利用此数学模型修正声测管间距。

对上面所推导出的数学模型 $y^2 = ax^2 + bx + c$ 进行曲线拟合，求出常数 a、b、c。具体过程如下：

首先，由计算方法中的相关知识可得：

$$\begin{pmatrix} \sum\limits_{i=1}^{m} h_i^2 & \sum\limits_{i=1}^{m} h_i & m \\ \sum\limits_{i=1}^{m} h_i^3 & \sum\limits_{i=1}^{m} h_i^2 & \sum\limits_{i=1}^{m} h_i \\ \sum\limits_{i=1}^{m} h_i^4 & \sum\limits_{i=1}^{m} h_i^3 & \sum\limits_{i=1}^{m} h_i^2 \end{pmatrix} \begin{pmatrix} a \\ b \\ c \end{pmatrix} = \begin{pmatrix} \sum\limits_{i=1}^{m} {l'_i}^2 \\ \sum\limits_{i=1}^{m} h_i {l'_i}^2 \\ \sum\limits_{i=1}^{m} h_i^2 {l'_i}^2 \end{pmatrix} \tag{1.4-27}$$

利用克莱姆法则可得：

$$a = \frac{\begin{vmatrix} \sum\limits_{i=1}^{m} {l'_i}^2 & \sum\limits_{i=1}^{m} h_i & m \\ \sum\limits_{i=1}^{m} h_i {l'_i}^2 & \sum\limits_{i=1}^{m} h_i^2 & \sum\limits_{i=1}^{m} h_i \\ \sum\limits_{i=1}^{m} h_i^2 {l'_i}^2 & \sum\limits_{i=1}^{m} h_i^3 & \sum\limits_{i=1}^{m} h_i^2 \end{vmatrix}}{\begin{vmatrix} \sum\limits_{i=1}^{m} h_i^2 & \sum\limits_{i=1}^{m} h_i & m \\ \sum\limits_{i=1}^{m} h_i^3 & \sum\limits_{i=1}^{m} h_i^2 & \sum\limits_{i=1}^{m} h_i \\ \sum\limits_{i=1}^{m} h_i^4 & \sum\limits_{i=1}^{m} h_i^3 & \sum\limits_{i=1}^{m} h_i^2 \end{vmatrix}} \tag{1.4-28}$$

$$b = \frac{\begin{vmatrix} \sum\limits_{i=1}^{m} h_i^2 & \sum\limits_{i=1}^{m} {l'_i}^2 & m \\ \sum\limits_{i=1}^{m} h_i^3 & \sum\limits_{i=1}^{m} h_i {l'_i}^2 & \sum\limits_{i=1}^{m} h_i \\ \sum\limits_{i=1}^{m} h_i^4 & \sum\limits_{i=1}^{m} h_i^2 {l'_i}^2 & \sum\limits_{i=1}^{m} h_i^2 \end{vmatrix}}{\begin{vmatrix} \sum\limits_{i=1}^{m} h_i^2 & \sum\limits_{i=1}^{m} h_i & m \\ \sum\limits_{i=1}^{m} h_i^3 & \sum\limits_{i=1}^{m} h_i^2 & \sum\limits_{i=1}^{m} h_i \\ \sum\limits_{i=1}^{m} h_i^4 & \sum\limits_{i=1}^{m} h_i^3 & \sum\limits_{i=1}^{m} h_i^2 \end{vmatrix}} \tag{1.4-29}$$

$$c = \cfrac{\begin{vmatrix} \sum\limits_{i=1}^{m} h_i^2 & \sum\limits_{i=1}^{m} h_i & \sum\limits_{i=1}^{m} l_i'^2 \\[3mm] \sum\limits_{i=1}^{m} h_i^3 & \sum\limits_{i=1}^{m} h_i^2 & \sum\limits_{i=1}^{m} h_i l_i'^2 \\[3mm] \sum\limits_{i=1}^{m} h_i^4 & \sum\limits_{i=1}^{m} h_i^3 & \sum\limits_{i=1}^{m} h_i^2 l_i'^2 \end{vmatrix}}{\begin{vmatrix} \sum\limits_{i=1}^{m} h_i^2 & \sum\limits_{i=1}^{m} h_i & m \\[3mm] \sum\limits_{i=1}^{m} h_i^3 & \sum\limits_{i=1}^{m} h_i^2 & \sum\limits_{i=1}^{m} h_i \\[3mm] \sum\limits_{i=1}^{m} h_i^4 & \sum\limits_{i=1}^{m} h_i^3 & \sum\limits_{i=1}^{m} h_i^2 \end{vmatrix}} \qquad (1.4\text{-}30)$$

于是有：

$$y = \sqrt{ \cfrac{\begin{vmatrix} \sum\limits_{i=1}^{m} l_i'^2 & \sum\limits_{i=1}^{m} h_i & m \\[3mm] \sum\limits_{i=1}^{m} h_i l_i'^2 & \sum\limits_{i=1}^{m} h_i^2 & \sum\limits_{i=1}^{m} h_i \\[3mm] \sum\limits_{i=1}^{m} h_i^2 l_i'^2 & \sum\limits_{i=1}^{m} h_i^3 & \sum\limits_{i=1}^{m} h_i^2 \end{vmatrix}}{\begin{vmatrix} \sum\limits_{i=1}^{m} h_i^2 & \sum\limits_{i=1}^{m} h_i & m \\[3mm] \sum\limits_{i=1}^{m} h_i^3 & \sum\limits_{i=1}^{m} h_i^2 & \sum\limits_{i=1}^{m} h_i \\[3mm] \sum\limits_{i=1}^{m} h_i^4 & \sum\limits_{i=1}^{m} h_i^3 & \sum\limits_{i=1}^{m} h_i^2 \end{vmatrix}} x^2 + \cfrac{\begin{vmatrix} \sum\limits_{i=1}^{m} h_i^2 & \sum\limits_{i=1}^{m} l_i'^2 & m \\[3mm] \sum\limits_{i=1}^{m} h_i^3 & \sum\limits_{i=1}^{m} h_i l_i'^2 & \sum\limits_{i=1}^{m} h_i \\[3mm] \sum\limits_{i=1}^{m} h_i^4 & \sum\limits_{i=1}^{m} h_i^2 l_i'^2 & \sum\limits_{i=1}^{m} h_i^2 \end{vmatrix}}{\begin{vmatrix} \sum\limits_{i=1}^{m} h_i^2 & \sum\limits_{i=1}^{m} h_i & m \\[3mm] \sum\limits_{i=1}^{m} h_i^3 & \sum\limits_{i=1}^{m} h_i^2 & \sum\limits_{i=1}^{m} h_i \\[3mm] \sum\limits_{i=1}^{m} h_i^4 & \sum\limits_{i=1}^{m} h_i^3 & \sum\limits_{i=1}^{m} h_i^2 \end{vmatrix}} x + \cfrac{\begin{vmatrix} \sum\limits_{i=1}^{m} h_i^2 & \sum\limits_{i=1}^{m} h_i & \sum\limits_{i=1}^{m} l_i'^2 \\[3mm] \sum\limits_{i=1}^{m} h_i^3 & \sum\limits_{i=1}^{m} h_i^2 & \sum\limits_{i=1}^{m} h_i l_i'^2 \\[3mm] \sum\limits_{i=1}^{m} h_i^4 & \sum\limits_{i=1}^{m} h_i^3 & \sum\limits_{i=1}^{m} h_i^2 l_i'^2 \end{vmatrix}}{\begin{vmatrix} \sum\limits_{i=1}^{m} h_i^2 & \sum\limits_{i=1}^{m} h_i & m \\[3mm] \sum\limits_{i=1}^{m} h_i^3 & \sum\limits_{i=1}^{m} h_i^2 & \sum\limits_{i=1}^{m} h_i \\[3mm] \sum\limits_{i=1}^{m} h_i^4 & \sum\limits_{i=1}^{m} h_i^3 & \sum\limits_{i=1}^{m} h_i^2 \end{vmatrix}} }$$

$$(1.4\text{-}31)$$

将 h_i 代入上式中的 x，可求得对应的修正后的声测管间距 l_i' 和声速 v_i'：

$$l_i = \sqrt{\dfrac{\begin{vmatrix} \sum\limits_{i=1}^{m} l_i'^2 & \sum\limits_{i=1}^{m} h_i & m \\[4pt] \sum\limits_{i=1}^{m} h_i l_i'^2 & \sum\limits_{i=1}^{m} h_i^2 & \sum\limits_{i=1}^{m} h_i \\[4pt] \sum\limits_{i=1}^{m} h_i^2 l_i'^2 & \sum\limits_{i=1}^{m} h_i^3 & \sum\limits_{i=1}^{m} h_i^2 \end{vmatrix}}{\begin{vmatrix} \sum\limits_{i=1}^{m} h_i^2 & \sum\limits_{i=1}^{m} h_i & m \\[4pt] \sum\limits_{i=1}^{m} h_i^3 & \sum\limits_{i=1}^{m} h_i^2 & \sum\limits_{i=1}^{m} h_i \\[4pt] \sum\limits_{i=1}^{m} h_i^4 & \sum\limits_{i=1}^{m} h_i^3 & \sum\limits_{i=1}^{m} h_i^2 \end{vmatrix}} h_i^2 + \dfrac{\begin{vmatrix} \sum\limits_{i=1}^{m} h_i^2 & \sum\limits_{i=1}^{m} l_i'^2 & m \\[4pt] \sum\limits_{i=1}^{m} h_i^3 & \sum\limits_{i=1}^{m} h_i l_i'^2 & \sum\limits_{i=1}^{m} h_i \\[4pt] \sum\limits_{i=1}^{m} h_i^4 & \sum\limits_{i=1}^{m} h_i^2 l_i'^2 & \sum\limits_{i=1}^{m} h_i^2 \end{vmatrix}}{\begin{vmatrix} \sum\limits_{i=1}^{m} h_i^2 & \sum\limits_{i=1}^{m} h_i & m \\[4pt] \sum\limits_{i=1}^{m} h_i^3 & \sum\limits_{i=1}^{m} h_i^2 & \sum\limits_{i=1}^{m} h_i \\[4pt] \sum\limits_{i=1}^{m} h_i^4 & \sum\limits_{i=1}^{m} h_i^3 & \sum\limits_{i=1}^{m} h_i^2 \end{vmatrix}} h_i + \dfrac{\begin{vmatrix} \sum\limits_{i=1}^{m} h_i^2 & \sum\limits_{i=1}^{m} h_i & \sum\limits_{i=1}^{m} l_i'^2 \\[4pt] \sum\limits_{i=1}^{m} h_i^3 & \sum\limits_{i=1}^{m} h_i^2 & \sum\limits_{i=1}^{m} h_i l_i'^2 \\[4pt] \sum\limits_{i=1}^{m} h_i^4 & \sum\limits_{i=1}^{m} h_i^3 & \sum\limits_{i=1}^{m} h_i^2 l_i'^2 \end{vmatrix}}{\begin{vmatrix} \sum\limits_{i=1}^{m} h_i^2 & \sum\limits_{i=1}^{m} h_i & m \\[4pt] \sum\limits_{i=1}^{m} h_i^3 & \sum\limits_{i=1}^{m} h_i^2 & \sum\limits_{i=1}^{m} h_i \\[4pt] \sum\limits_{i=1}^{m} h_i^4 & \sum\limits_{i=1}^{m} h_i^3 & \sum\limits_{i=1}^{m} h_i^2 \end{vmatrix}}}$$

$$(1.4\text{-}32)$$

$$v'_i = \dfrac{\dfrac{\begin{vmatrix} \sum\limits_{i=1}^{m} l_i'^2 & \sum\limits_{i=1}^{m} h_i & m \\[4pt] \sum\limits_{i=1}^{m} h_i l_i'^2 & \sum\limits_{i=1}^{m} h_i^2 & \sum\limits_{i=1}^{m} h_i \\[4pt] \sum\limits_{i=1}^{m} h_i^2 l_i'^2 & \sum\limits_{i=1}^{m} h_i^3 & \sum\limits_{i=1}^{m} h_i^2 \end{vmatrix}}{\begin{vmatrix} \sum\limits_{i=1}^{m} h_i^2 & \sum\limits_{i=1}^{m} h_i & m \\[4pt] \sum\limits_{i=1}^{m} h_i^3 & \sum\limits_{i=1}^{m} h_i^2 & \sum\limits_{i=1}^{m} h_i \\[4pt] \sum\limits_{i=1}^{m} h_i^4 & \sum\limits_{i=1}^{m} h_i^3 & \sum\limits_{i=1}^{m} h_i^2 \end{vmatrix}} h_i^2 + \dfrac{\begin{vmatrix} \sum\limits_{i=1}^{m} h_i^2 & \sum\limits_{i=1}^{m} l_i'^2 & m \\[4pt] \sum\limits_{i=1}^{m} h_i^3 & \sum\limits_{i=1}^{m} h_i l_i'^2 & \sum\limits_{i=1}^{m} h_i \\[4pt] \sum\limits_{i=1}^{m} h_i^4 & \sum\limits_{i=1}^{m} h_i^2 l_i'^2 & \sum\limits_{i=1}^{m} h_i^2 \end{vmatrix}}{\begin{vmatrix} \sum\limits_{i=1}^{m} h_i^2 & \sum\limits_{i=1}^{m} h_i & m \\[4pt] \sum\limits_{i=1}^{m} h_i^3 & \sum\limits_{i=1}^{m} h_i^2 & \sum\limits_{i=1}^{m} h_i \\[4pt] \sum\limits_{i=1}^{m} h_i^4 & \sum\limits_{i=1}^{m} h_i^3 & \sum\limits_{i=1}^{m} h_i^2 \end{vmatrix}} h_i + \dfrac{\begin{vmatrix} \sum\limits_{i=1}^{m} h_i^2 & \sum\limits_{i=1}^{m} h_i & \sum\limits_{i=1}^{m} l_i'^2 \\[4pt] \sum\limits_{i=1}^{m} h_i^3 & \sum\limits_{i=1}^{m} h_i^2 & \sum\limits_{i=1}^{m} h_i l_i'^2 \\[4pt] \sum\limits_{i=1}^{m} h_i^4 & \sum\limits_{i=1}^{m} h_i^3 & \sum\limits_{i=1}^{m} h_i^2 l_i'^2 \end{vmatrix}}{\begin{vmatrix} \sum\limits_{i=1}^{m} h_i^2 & \sum\limits_{i=1}^{m} h_i & m \\[4pt] \sum\limits_{i=1}^{m} h_i^3 & \sum\limits_{i=1}^{m} h_i^2 & \sum\limits_{i=1}^{m} h_i \\[4pt] \sum\limits_{i=1}^{m} h_i^4 & \sum\limits_{i=1}^{m} h_i^3 & \sum\limits_{i=1}^{m} h_i^2 \end{vmatrix}}}{t_{ci}}$$

$$(1.4\text{-}33)$$

式中: t_{ci}——某测点采集到的声时值减去声时延时、声波在水中传播所用时间、声波在声测管中传播所用时间。

于是可以利用修正后所得的各测点声速 v'_i 结合其他声学参数来判定基桩的质量。

4.4.4　弯折数学模型的建立

声测管可直接固定在钢筋笼内侧,固定点的间距一般不超过 2m,其中,声测管底端和接头部位宜设固定点。对于无钢筋笼的部位,声测管可用钢筋支架固定。固定方式可采用焊接或绑扎,见图 1.4-6、图 1.4-7。在灌桩过程中,由于混凝土压力的作用,声测管某点在外力作用下出现脱焊或挣脱绑扎时,声测管便在此处产生弯折;钻孔弯曲也会使钢筋笼在内弯处受侧压力的作用而产生内凹,并使该方位的声测管产生向心移动或内弯。受焊接点或绑扎点的约束和声测管自身刚度的影响,声测管弯折可以简化成由两个或多个倾斜声测管连接而成的组合体。因此,先对声测管间距进行分段修正,每段采用声测管的空间异面模型,然后将修正后的结果结合在一起即可。

图 1.4-6　基桩钢筋笼加工现场

图 1.4-7　钢筋笼结构图

4.5　声测管间距修正方法及修正程序编制

本节给出了基于声测管空间位置关系推导出的声测管间距修正方法的实现过程说明,并编制了程序,对修正程序的使用进行了说明。

4.5.1　平面相交状况下的修正方法

在平面相交状况下,声测管间距与深度的关系为线性关系:

$$y = xk + b \tag{1.4-34}$$

该关系符合最小二乘法拟合的模型,可按最小二乘法对声测管间距与深度的关系进行拟合。

4.5.2　空间异面状况下的修正方法

在空间异面状况下,声测管间距与深度的关系为二次抛物线关系:

$$y^2 = ax^2 + bx + c \qquad (1.4\text{-}35)$$

令 $Y = y^2$,那么有:

$$Y = ax^2 + bx + c \qquad (1.4\text{-}36)$$

该关系符合最小二乘法拟合的模型,可以按最小二乘法对声测管间距与深度的关系进行拟合。

4.5.3　弯折状况下的修正方法

对于弯折问题,可以简化为两段或多段直线问题的结合,也可进行拟合分析。将这些推导过程利用 Visual Basic 程序或 Excel 实现。

针对声测管倾斜带来的异常问题,编制了 Excel 版声测管修正程序和 Visual Basic 可视版声测管修正程序,两个程序均能实现对声测管间距的整体修正和局部修正。Excel 版声测管修正程序直观、简洁;Visual Basic 可视版声测管修正程序实现了可视化操作,界面操作简单,易操作。

对该修正程序有两点说明:

①程序包括运算程序(主程序)、原始数据(测点深度及对应的声时值)两部分。对应的文件名分别为"修正数据.xls"和"声测管修正程序"。

②在修正之前,应在"修正数据.xls"中的 sheet2 内的 A 列和 B 列填入要修正的深度和对应的深度,如图 1.4-8 所示,只需填写 A、B 两列。

	A	B	C	D	E	F
1	深度值	所测声度	线性修正	曲线修正	行号	波速值k
2	0.25	179.60	0.77		2	4.28730
3	0.5	189.60	平均波速	150.15	3	4.06118
4	0.75	178.80	3.73712	40178	4	4.3064
5	1	168.40	测点数		5	4.57244
6	1.25	175.20	209		6	4.39497
7	1.5	171.20			7	4.49766
8	1.75	168.00			8	4.58333
9	2	165.60			9	4.64975
10	2.25	168.80			10	4.56161
11	2.5	171.20			11	4.49766
12	2.75	168.00			12	4.58333
13	3	166.00			13	4.63855
14	3.25	172.00			14	4.47674
15	3.5	174.80			15	4.40503
16	3.75	172.40			16	4.46635
17	4	178.00			17	4.3258
18	4.25	177.60			18	4.33558
19	4.5	178.00			19	4.3258
20	4.75	178.00			20	4.3258
21	5	178.00			21	4.3258

图 1.4-8　输入原始数据

输入修正数据的原始数据后,打开声测管间距修正程序,其界面如图1.4-9所示。

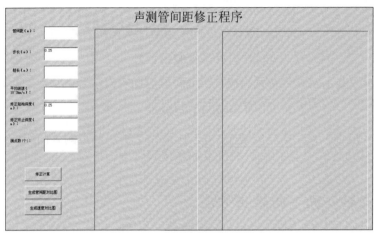

图1.4-9　声测管间距修正程序

该软件的使用步骤如下:

①在软件左侧的"管间距"输入框、"步长"输入框、"桩长"输入框、"平均波速"输入框、"修正起始深度"输入框、"修正终止深度"输入框内输入对应的初始参数。

②点击"修正计算"按钮,程序将开始计算,并在"测点数"框内显示测点总数,在"修正数据.xls"内生成成果数据。

③点击"生成管间距对比图"按钮和"生成速度对比图"按钮,程序可将生成的成果数据绘制成图形,并显示在右侧。

以下用一个简单的范例来介绍该修正程序的应用,如图1.4-10所示。

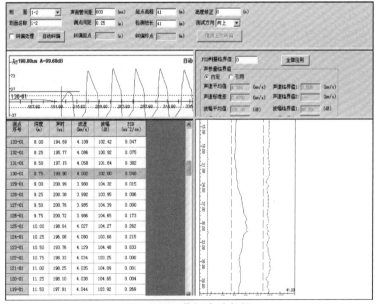

图1.4-10　范例声波数据

某桩1-2剖面的21~39m深度处的声学参数-深度曲线异常明显因声测管间距变化引起。可以将该深度范围分成两段分别修正。第一段为21~30m深度,第二段为30~39m深度。此处仅示例对第一段的修正;第二段的修正类似,不再赘述。

①利用声测软件将声测数据输出到Excel中,如图1.4-11所示。

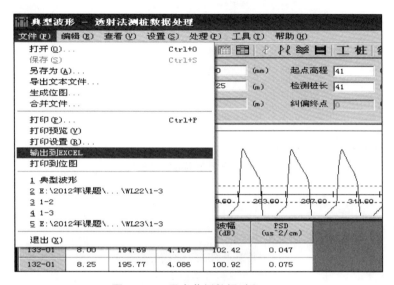

图1.4-11　导出范例数据过程(一)

②在数据表中找到修正面深度对应的声时值,并复制,见图1.4-12。

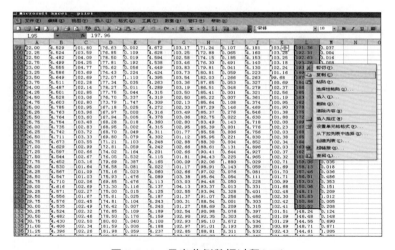

图1.4-12　导出范例数据过程(二)

③在修正数据中粘贴,并输入深度信息,保存并关闭Excel,见图1.4-13。

④打开修正程序。

⑤输入相关信息,其中平均声速为正常混凝土的声速值,点击"修正计算",弹出修正数据的保存窗口,如图1.4-14所示。点击"是"。

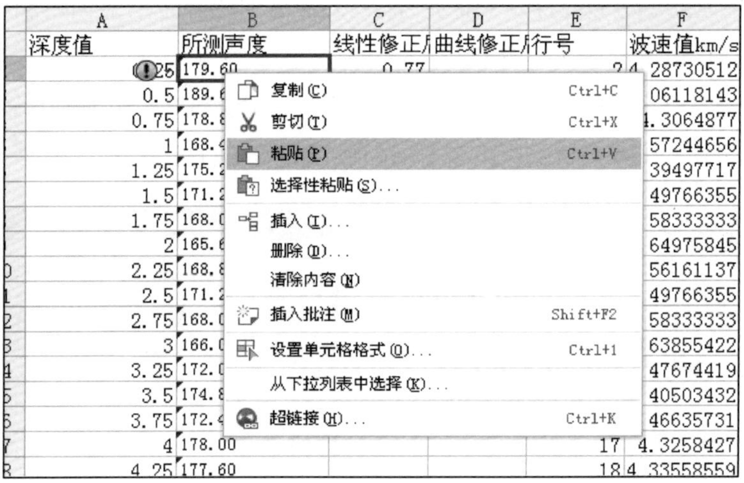

图 1.4-13　导出范例数据过程(三)

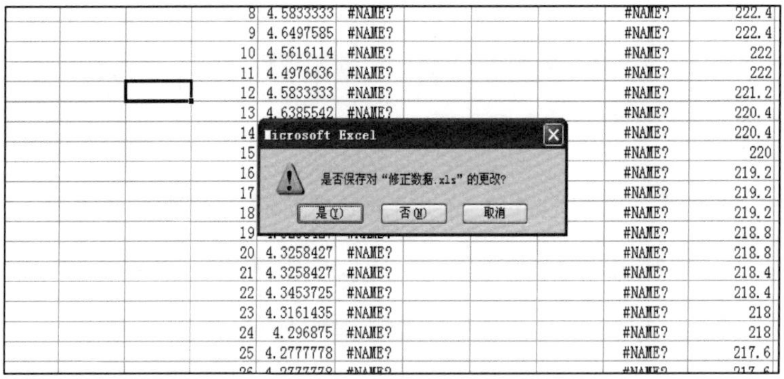

图 1.4-14　修正程序弹出窗口(一)

⑥点击成果图,弹出如图 1.4-15 所示的窗口,点击"是"。

图 1.4-15　修正程序弹出窗口(二)

可以打开"修正数据.xls"直接查看对比图和数据,如图 1.4-16 所示。本程序成功地将声速回归到真实声速。

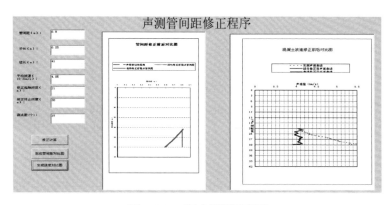

图 1.4-16　程序界面示意图

4.6　应用实例

工程概况:某基桩桩径 1.5m,桩长 41m,布设 3 根声测管,其中 1-2 剖面的边缘管间距为 800mm,声速平均值为 4.384km/s。检测中发现 1-2 剖面的 21～39m 段声速出现异常,最大值达 5.486km/s,如图 1.4-17 所示。对此,需要利用声测管间距修正程序对该段进行修正。由于基桩在 21～30m 深度范围内声速逐渐变大,30～39m 深度范围内声速逐渐变小,需要对这两段的声速分别进行修正。

确定声波在混凝土中的速度为 4.08km/s,然后将基本参数输入修正程序中。

对整根桩进行修正。图 1.4-18 为整根声测管的修正成果。发现:声速异常段落有明显小幅波动,而声速受影响段的修正程度达不到理想状态,因此对声速异常段落的声速采用分段修正方法更为合理,即仅对异常段落进行修正。

0～20.75m 深度的正常段落的修正后成果如图 1.4-19 所示。

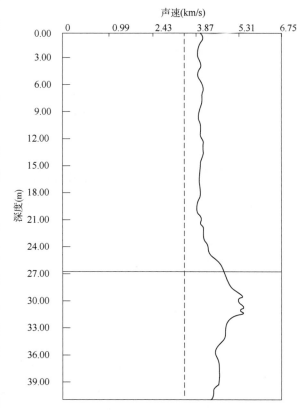

图 1.4-17　某桩 1-2 剖面声速曲线

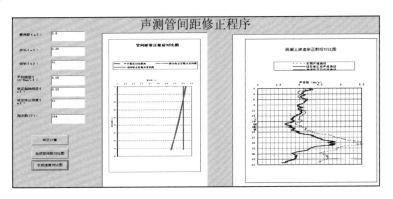

图 1.4-18　整根声测管修正成果图

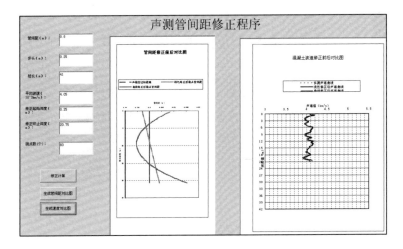

图 1.4-19　范例成果图(1)

21~30m 深度的异常段落的修正后成果如图 1.4-20 所示。

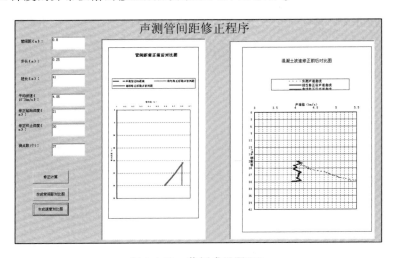

图 1.4-20　范例成果图(2)

30~41m 深度的异常段落的修正后成果如图 1.4-21 所示。

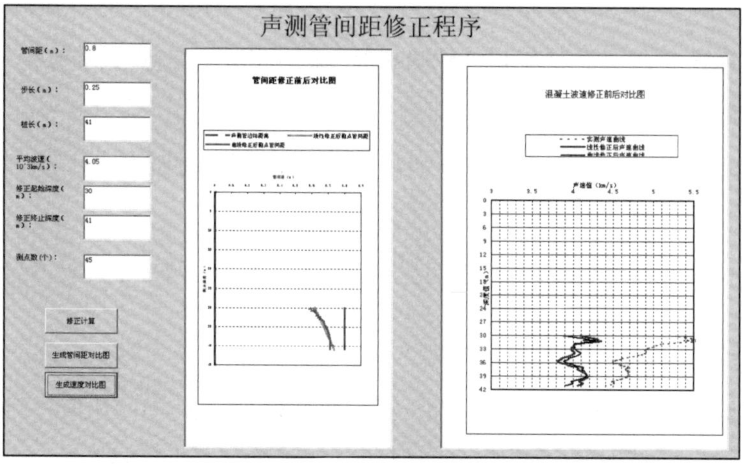

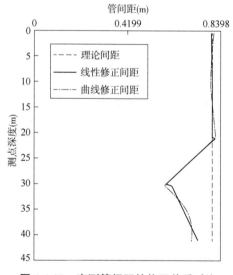

图 1.4-21 范例成果图（3）

3 个段落的声测管间距的修正前后对比如图 1.4-22 所示,测点声速的修正前后对比如图 1.4-23 所示。

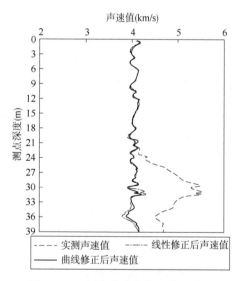

图 1.4-22 声测管间距的修正前后对比

图 1.4-23 测点声速的修正前后对比

4.7 平均声速计算方法研究

本节对平均声速计算方法进行研究,对各测点平均声速计算方法、整体平均声速和去除异常点后的整体平均声速计算方法进行了对比分析。

4.7.1　平均声速分类及选用

实施声测管修正前,首先要确定无缺陷混凝土的平均声速。从定义角度分析,平均声速可分为以下三种:

①各测点的平均声速 v_i:指各测点声速值的加权平均值,按照下式计算:

$$\overline{v_i} = \frac{\sum\limits_{i=1}^{n} v_i}{n} = \frac{l\left(\dfrac{1}{t_1} + \dfrac{1}{t_2} + \cdots + \dfrac{1}{t_n}\right)}{n} \tag{1.4-37}$$

式中:t_i——脉冲声波通过第 i 测点的时间,$i = 1,2,\cdots,n$,其中 n 为测点总数。

②整体平均声速 $\overline{v}$:指检测过程中声波传播的总路程与总时间的比值,按照下式计算:

$$\overline{v} = \frac{nl}{\sum\limits_{i=1}^{n} t_i} = \frac{l}{\dfrac{\sum\limits_{i=1}^{n} t_i}{n}} = \frac{l}{\overline{t_i}} \tag{1.4-38}$$

从式(1.4-37)和式(1.4-38)可以看出,各测点的平均声速与整体平均声速存在本质的区别。不管是各测点的平均声速,还是整体平均声速,都没有考虑异常点(包括声测管倾斜引起的异常点和桩基缺陷引起的异常点),因此它们都不能作为基桩的平均声速,只有去除异常点后的整体平均声速才能作为基桩平均声速。

③去除异常点后的整体平均声速 v':指剔除检测过程中声速异常值后的声波传播的总路程与总时间的比值,按照下式计算:

$$v' = \frac{m \cdot l}{\sum t_i} \tag{1.4-39}$$

式中:m——正常测点的个数。

从式(1.4-39)可以看出,去除异常点后的平均声速剔除了基桩混凝土缺陷异常点的声速值,利用剩余的测点求取平均声速,可以作为基桩混凝土的平均声速。

4.7.2　平均声速计算过程

声测管间距修正所需的基桩平均声速为无缺陷、无异常情形下的平均声速。利用概率方法去除测点中偏大的异常点和偏小的异常点,然后利用剩余的测点求取具有代表性的平均声速值。

1）去除声速偏低测点

将同一检测剖面各测点的声速 v_i 由大到小排序,即:

$$v_1 \geqslant v_2 \geqslant \cdots \geqslant v_i \geqslant \cdots \geqslant v_{n-k} \geqslant \cdots \geqslant v_{n-1} \geqslant v_n \qquad (1.4\text{-}40)$$

式中:v_i——按由大到小顺序排列后的第 i 个测点的声速测量值;

$\quad n$——某检测剖面的测点数;

$\quad k$——逐一去除掉 v_i 序列尾部最小数值的数据个数。

当去掉的数据个数为 k 时,对包括 v_{n-k} 在内的余下数据 $v_1 \sim v_{n-k}$ 按下列公式进行统计计算:

$$v_0 = v_m - \lambda S_v \qquad (1.4\text{-}41)$$

$$v_m = \frac{1}{n-k} \sum_{i=1}^{n-k} v_i \qquad (1.4\text{-}42)$$

$$S_v = \sqrt{\frac{1}{n-k-1} \sum_{i=1}^{n-k} (v_i - v_m)^2} \qquad (1.4\text{-}43)$$

式中:v_0——异常判定值;

$\quad v_m$——$n-k$ 个数据的平均值;

$\quad \lambda$——$n-k$ 个数据所对应的概率系数;

$\quad S_v$——$n-k$ 个数据的标准差。

对 v_{n-k} 与 v_0 进行比较。当 $v_{n-k} \leqslant v_0$ 时,v_{n-k} 及其以后的数据均为异常,去掉 v_{n-k} 及其以后的异常数据,再用数据 $v_1 \sim v_{n-k-1}$ 重复上述运算,直到 v_i 序列中余下的全部数据满足 $v_i > v_0$,此时剩余的即为排除测点声速偏低异常后的数据。

2）去除声速偏高测点

将同一检测剖面各测点(去除声速偏低异常后的测点)的声速值 v_i 按由小到大排序,形成新的 v_i 序列,即:

$$v_1 \leqslant v_2 \leqslant \cdots \leqslant v_i \leqslant \cdots \leqslant v_{m-k} \leqslant \cdots \leqslant v_m \qquad (1.4\text{-}44)$$

式中:v_i——将声速按由小到大顺序排列后的第 i 个测点的声速测量值;

$\quad m$——某检测剖面的测点数;

$\quad k$——逐一去除掉 v_i 序列尾部最小数值的数据个数。

对包括 v_{n-k} 在内的余下数据 $v_1 \sim v_{n-k}$ 按下列公式进行统计计算:

$$v_0 = v_m + \lambda S_v \qquad (1.4\text{-}45)$$

$$v_m = \frac{1}{n-k} \sum_{i=1}^{n-k} v_i \qquad (1.4\text{-}46)$$

$$S_v = \sqrt{\frac{1}{n-k-1}\sum_{i=1}^{n-k}(v_i - v_m)^2} \qquad (1.4\text{-}47)$$

式中：v_0——异常判定值；

v_m——$n\text{-}k$ 个数据的平均值；

λ——$n\text{-}k$ 个数据所对应的概率系数；

S_v——$n\text{-}k$ 个数据的标准差。

对 v_{n-k} 与 v_0 进行比较。当 $v_{n-k} \geq v_0$ 时，v_{n-k} 及其以后的数据均为异常，去掉 v_{n-k} 及其以后的异常数据，再用数据 $v_1 \sim v_{n-k-1}$ 重复上述运算，直到 v_i 序列中余下的全部数据满足 $v_i < v_0$，此时剩余的即为排除测点声速偏高异常后的数据。

3）计算平均声速

将某检测面各测点按概率方法处理后，对剩余的测点进行重新编号，$v_1 \leq v_2 \leq \cdots \leq v_i \leq \cdots \leq v_p$，各测点对应的声测管间距为 l，声时值分别为 $t_1, t_2, \cdots, t_p$。因此该检测面的平均声速值 $\bar{v}$ 为：

$$\bar{v} = \frac{pl}{\sum_1^p t_i} = \frac{l}{\dfrac{\sum_1^p t_i}{p}} = \frac{l}{\bar{t_i}} \qquad (1.4\text{-}48)$$

4）利用声速进行判别

将上面计算求得的声速平均值、标准差和临界值输入如图 1.4-24 所示的声波仪软件参数界面，利用计算机软件快速进行基桩缺陷的判定。

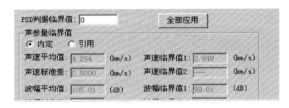

图 1.4-24　声波仪软件参数界面

4.7.3　工程实例

某桥 160-4 号桩经声波透射法测得的声学参数-深度曲线如图 1.4-25 所示。

某桥 160-4 号桩，某测面声测管存在弯斜，声波仪测得的测点声速平均值为 4.713km/s，明显异常于正常混凝土中的声速范围。用本节的方法计算得到的该检测面的混凝土平均声速为 4.25km/s，处于合理范围内。

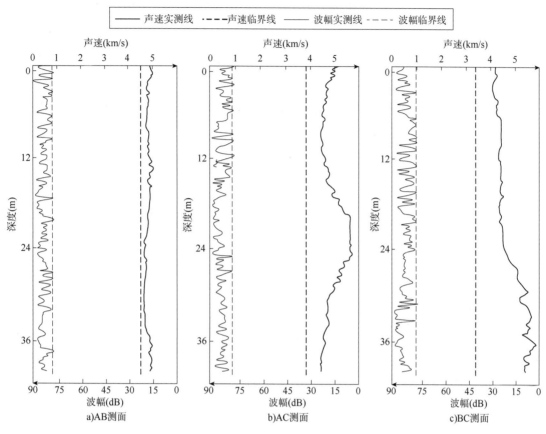

图1.4-25　某桥160-4号桩经声波透射法测得的声学参数-深度曲线

本章参考文献

[1] 陈凡,徐天平,陈久照,等.基桩质量检测技术[M].北京:中国建筑工业出版社,2003:
　　222-312.

[2] 李娟.声波透射法基桩检测中管斜修正方法研究应用[J].中国建材科技,2020,29(4):
　　16-17,23.

[3] 周文斌,胡二中,黎超群.检测管不平行对超声波透射法检测数据的影响和校正方
　　法[C]//第二届全国环境岩土工程与土工合成材料技术研讨会论文集.2008.

[4] 张维国,黎超群,王宝勋,等.灌注桩声波透射法中声测管弯斜的影响与校正[J].西部探
　　矿工程,2010,22(6):4-7.

[5] 范晨光,郑国勇,高芳清.超声法检测桩基中判别斜管与管距修正的投影法[J].路基工
　　程,2004(6):6-8.

［6］叶健.声波透射法桩基检测技术中声测管管距偏移的修正以及缺陷的 CBV 判据［J］.工程质量,2005(4):20-23.

［7］赵常要,杨东涛,员宝珊.对声波透射法检测中存在声测管倾斜问题的一种修正方法［J］.硅谷,2009(18):44,132.

［8］赵守全,赵常要,朱兆荣.声波透射法在基桩检测中影响因素的深入分析［J］.铁道建筑技术,2016(z1):529-532.

［9］赵常要,杨东涛.桩检测中声测管管间距修正方法的研究［J］.铁道工程学报,2014(11):25-29.

［10］赵常要.关于声波透射法检测中混凝土波速计算方法的研究［J］.科技成果管理与研究,2014(8):45-49.

第5章　桩身混凝土缺陷的判定

5.1　灌注桩的常见缺陷及形成原因

对于混凝土灌注桩来说,桩身中存在的缺陷与相应的施工方法有着密不可分的联系。使用不同的施工方法,桩身出现的缺陷类型也会有所不同。常见的灌注桩桩身混凝土缺陷如图 1.5-1 所示,以下介绍其成因。

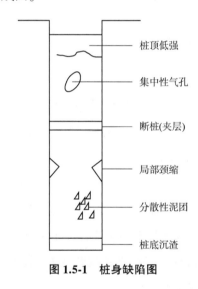

图 1.5-1　桩身缺陷图

5.1.1　断桩

成因主要有:

①混凝土出拌和楼后,待灌时间过久或中途运输路程过长,混凝土坍落度损失大,产生离析或局部初凝现象,直接用于灌注,进而造成断桩。

②施工组织不严,前期施工准备工作不充分,在灌注过程中出现停电、机械故障、待料及导管漏水等情况,导致浇灌过程不连续或二次浇灌,出现桩身夹渣,沉积成层,将混凝土桩上下分开而造成断桩。

③灌注首批混凝土时,若导管底端距孔底过远,则混凝土被浆液稀释,水灰比增大,造成混凝土不凝固,混凝土桩体与基岩之间被不凝固的混凝土填充而造成断桩。

④受地下水活动的影响或导管密封不良,浆液浸入,使混凝土水灰比增大,桩身中段出现混凝土不凝体,造成断桩。

⑤浇筑混凝土时,在提升导管时没有做好相应的管控工作,导管提升和起拔过多,导致冒口,露出混凝土面,新注入的混凝土压在封口砂浆和泥浆上,造成断桩。

⑥在灌注过程中发生埋管、卡管、堵管等现象,使导管在混凝土中掩埋过长或灌注时间过长,早期灌注的混凝土流动性降低,混凝土已初凝或接近初凝,内阻力成倍增加,导管被卡在混凝土内,提升导管时把已初凝的混凝土拉松,造成断桩。

⑦二次浇筑继续施工时,对表面未加清理,造成断桩。

⑧混凝土灌注施工中,混凝土表面标高测量错误,导管埋入混凝土内过浅,出现漏拔现象而形成夹层断桩,特别是在灌注水下混凝土后期,超压力不大或探测不准确时,极易将泥浆中混合的坍土层误认为混凝土表面。

5.1.2　局部夹泥或夹砂

成因主要有:

①混凝土导管插入的深度不当。如果没有根据相关规定插入混凝土管,就会导致混凝土从导管中流出之后向上托顶,形成湍流或翻浆,进而导致孔壁出现剥落或塌陷等问题,造成局部截面夹泥(砂)或周边环状夹泥。

②混凝土灌注过程中翻浆的影响因素比理论条件复杂的多,钻孔孔径突变、钢筋笼配筋变化都会影响翻浆,造成桩身局部夹泥(砂)。泥浆性能是形成桩身局部夹泥(砂)的最主要因素,当泥浆比重过大、砂含量较高时,灌注时就有可能使混凝土向上回涌,在桩内形成局部夹泥(砂),尤其是混凝土灌注过程中塌孔或者泥浆中含有较大的泥块,极易造成灌注过程中翻浆不顺利,从而产生桩身局部夹泥(砂)。

③浇筑过程中导管提升不当、拔管速度过快,特别是在饱和淤泥或流塑状淤泥质软土中成桩时,容易造成局部夹泥(砂)。

5.1.3　局部颈缩

成因主要有:

①周围土体(特别是土层中有软塑土时)在混凝土灌注过程中产生膨胀,成桩后容易造成局部颈缩现象。

②由于混凝土导管插入深度不当,导致混凝土从导管流出,往上顶托,形成湍流或翻腾,使孔壁剥落或坍塌,形成局部颈缩。

5.1.4　分散性泥团或"蜂窝"

成因主要有：

①造成蜂窝缺陷的原因主要有：混凝土配合比不当；混凝土搅拌不充分，振捣不密实；下料不当或下料过高，造成石子砂浆离析；混凝土未分层下料，振捣不实或振捣不足等。

②分散性泥团与混凝土受扰动导致的孔壁脱落有关。

5.1.5　气泡密集

成因主要有：

①上部桩身因混凝土浇筑管提升过快，大量空气被密封在混凝土内，虽不一定造成空洞，但可能形成大量气泡。

②灌注混凝土时，导管埋入过深，使混凝土流动性不足，气体无法及时从混凝土中排出，在混凝土的内部形成气孔。

5.1.6　桩底沉渣

成因主要为：混凝土灌注桩成孔过程中，孔底和泥浆中会有大量的土块、砂和石等残留物，这些残留物需要在清孔过程中被循环泥浆带走。如果在进行混凝土灌注之前，清孔时间不足或泥浆性能不好而没有将灌注孔中的各种杂物清理干净，就会造成桩底沉渣过厚。

5.1.7　桩顶低强

成因主要有：

①导管插入混凝土中的深度较大，混凝土坍落度小，桩顶空心呈不规则漏斗形，其深度、位置与导管拔出时的位置、桩顶混凝土状态有关。导管埋得太深，拔出时底部已接近初凝，导管拔出后混凝土不能及时充填，泥浆填入，从而造成桩顶混凝土低强区。

②灌注混凝土桩过程中，混凝土面标高测量不准，造成超灌高度不足，桩头浮浆较多，粗集料不足，混凝土质量较差。

③桩顶标高位置土层强度不足，灌桩之后护筒拔起太早，由于混凝土比重较大，对桩周土体有挤压变形作用，部分混凝土蠕动变形，混凝土中形成大量细小裂缝，从而造成桩顶混凝土低强区。

④混凝土灌注过程中，封口混凝土或砂浆与水接触，在顶托过程中会混入泥水，因而强度较低，灌注完成后应将其铲除，若未彻底铲除则形成桩顶低强区。

5.1.8　离析

成因主要有：

①造成混凝土离析的原因主要有：材料方面，粗集料含水率过高容易使拌和水用量过大，集料含泥量过大将使水泥浆同集料的黏结力降低，容易产生离析；施工操作方面，混凝土灌注过程中，向混凝土中加水、混凝土罐车洗罐余水未倒尽，也会产生离析。浇筑混凝土时，若施工方法不当，会造成桩身某处粗集料大量堆积，而邻近部位出现浆多集料少的情况，从而造成混凝土离析。

②造成桩身离析的主要原因有以下几点：水下浇筑混凝土时，如果混凝土搅拌不均匀、水灰比过大或导管漏水，均会产生离析现象；施工中操作不当，引起疏松层或桩孔下部排水不净或混凝土浇筑后出水，混凝土被稀释而造成桩身离析。

5.1.9　孔壁坍塌或泥团

成因主要有：

①护筒底脚周围出现漏水，孔内水位下降；或河流涨潮时孔内水位降低，不能保持水压力；或护筒周围堆放重物、机械振动等，引起塌孔。

②成孔速度太快，孔壁周围来不及形成泥膜，造成孔壁坍塌或泥团。

③泥浆的密度及黏度不适宜。

④在砾石等地下透水层等处有渗流水，钻孔中出现程度较重的水渗流现象，土体容易丧失稳定性而塌落。

⑤沉放钢筋时，碰撞了孔壁，破坏了泥膜及孔壁。

⑥护筒的长度不够、护筒变形或形状不合适等其他原因。

5.2　各种缺陷情形下声学参数的变化特征

5.2.1　声学参数变化特征的模拟分析

杭纲领在室内制作了部分缺陷情形下的混凝土试块，并利用声波透射法测出了各种缺陷下的声学参数变化，其测得的不同缺陷情形下 28d 龄期试块的声速和波幅分别见图 1.5-2 和图 1.5-3，不同缺陷情形下不同龄期试块的声时、声速、主频对比见图 1.5-4～图 1.5-6。

当出现断桩缺陷时，声速和波幅急剧下降，变化步调一致；全截面夹砂、桩顶低强、集中性气孔、分散性泥团处声速下降大，都低于声速临界值，但声速值基本一样，无法根据声速将其区分开。桩顶低强和集中性气孔处的波幅下降明显,全截面夹砂和分散性泥团处的波幅下降不是特别明显,表现出步调一致特性;局部夹泥或局部颈缩处声速下降较明显,低于声速临界值,波幅下降较明显且步调一致。

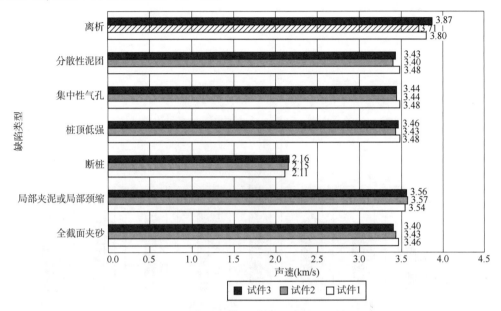

图 1.5-2 不同缺陷情形下 28d 龄期试块的声速对比

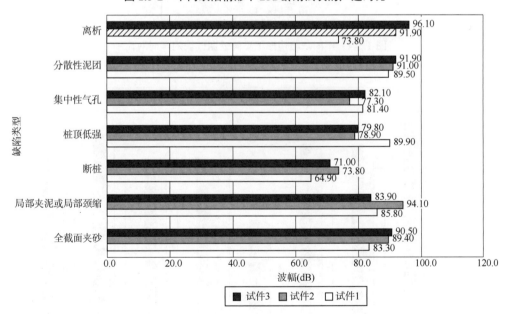

图 1.5-3 不同缺陷情形下 28d 龄期试块的波幅对比

李云飞通过室内试验模拟了各种缺陷情形下的试块,并利用声波透射法测出了各种缺陷情形下的声学参数变化。现以 28d 龄期的混凝土试块为例,说明各种缺陷情形下的声学参数变化特征。通过测量,得到了 28d 龄期各缺陷情形下的声学参数,如图 1.5-4~图 1.5-6

所示。

与正常混凝土相比,断桩情形的声时急剧增大;桩顶低强、分散性泥团、砂浆情形的声时增大明显;局部夹泥和离析情形的声时增大较明显,集中气孔情形的声时有增大,但不是特别明显。

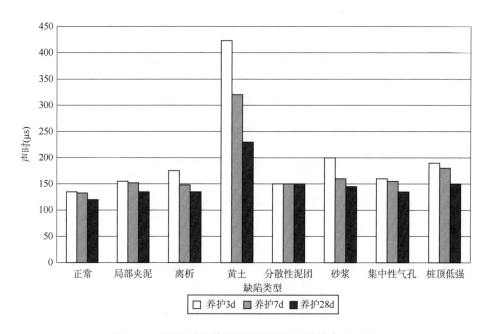

图 1.5-4 不同缺陷情形下不同龄期试块的声时对比

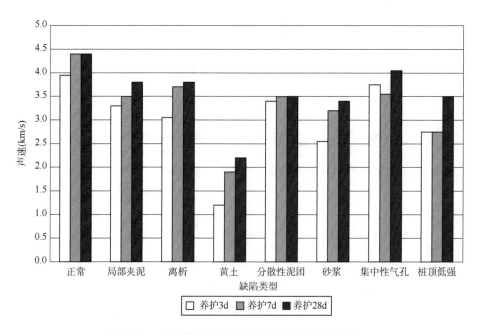

图 1.5-5 不同缺陷情形下不同龄期试块的声速对比

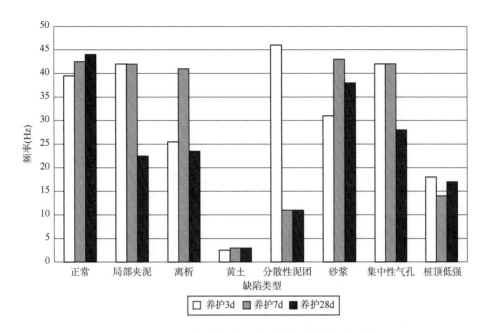

图 1.5-6　不同缺陷情形下不同龄期试块的主频对比

断桩情形下声速急剧下降,远低于声速临界值;砂浆、桩顶低强和分散性泥团情形的声速明显下降,略低于声速临界值,局部夹泥和离析情形的声速下降较明显,远低于声速临界值;集中性气孔情形的声速下降不明显。

断桩情形下主频急剧下降,分散性泥团和桩顶低强情形的主频下降明显,局部夹泥、离析和集中性气孔情形的主频下降较明显,砂浆情形的主频降低不太明显。

5.2.2　声学参数变化特征的实测分析

虽然对声学参数变化特征的模拟分析具有一定的可靠性,但不能够模拟混凝土桩在实际工程中的状态,因此声学参数变化特征的模拟分析具有一定的局限性,须通过各种缺陷情形下的实测曲线对声学参数变化特征做简单分析。

1)夹泥缺陷的声学参数变化特征

对于某含有 3 个检测剖面的混凝土桩,脉冲声波通过夹泥缺陷时,其中两个检测剖面的声速、波幅曲线见图 1.5-7,可以看出:两个检测剖面的声速、波幅测试值较小,与声速、波幅临界值相比,声速、波幅测试值突然明显减小,下降步调一致,在同一点处同时降低;另一个检测剖面的声速、波幅曲线正常。脉冲声波通过夹泥缺陷时的波形曲线如图 1.5-8 所示,可以看出声波波形杂乱无章,规律性很差,首波位置不明显,波形畸变。

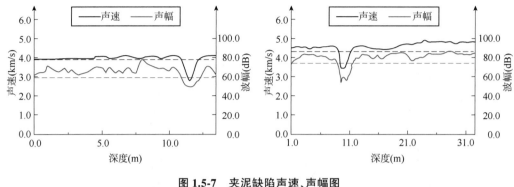

图 1.5-7　夹泥缺陷声速、声幅图

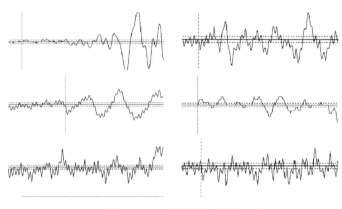

图 1.5-8　夹泥缺陷波形图

脉冲声波通过夹泥缺陷时,脉冲声波发生绕射等现象,从而使传播的声时增加,导致声速减小。脉冲声波通过夹泥缺陷时,桩身夹泥相当于一个低通滤波器,高频成分的衰减比对低频成分的衰减大,高频段的声波会被大量吸收、散射和反射而衰减,这时接收波中心频率会降低,且泥团越多、越大,高频成分损失越多,接收波的中心频率向低频段漂移,因此可通过比较中心频率的漂移程度来判断缺陷的严重程度。由于泥团对高频波的过滤,波幅降低,波形畸变。

脉冲声波通过夹泥缺陷的声速、波幅、波形等的变化程度与泥团的大小、位置、分散程度和是否包裹声测管四个因素有关。根据夹泥的位置,可以将夹泥缺陷分为局部夹泥或颈缩、桩中夹泥两类;根据夹泥的大小,可以将夹泥缺陷分为轻微夹泥、中度夹泥和严重夹泥三类;根据分散程度,可以将夹泥缺陷可分为集中性夹泥和分散性泥团两类;根据是否包裹声测管,可以将夹泥缺陷分为未包裹声测管和包裹声测管两类。

具有代表性的几种类型夹泥的声学参数特征为:

①未包裹声测管的集中性轻微桩中夹泥缺陷、颈缩缺陷:声时增加较明显;声速低于声速临界值、波幅低于波幅临界值,下降明显;主频下降较明显;波形轻微畸变。与之类似的是

未包裹声测管的局部夹泥。

②断桩缺陷、未包裹声测管的集中性严重夹泥缺陷:声时剧烈增加;与声速、波幅临界值相比,波幅、声速实测值突然急剧下降;主频急剧降低;波形杂乱无章、规律性很差;首波位置不明显或根本找不到首波,首波起跳点难以辨认;声波波形严重畸变。

③包裹声测管的集中性夹泥缺陷:声时增加明显;与声速临界值相比,声速下降明显;与波幅临界值相比,波幅下降剧烈;首波位置不明显且波形严重畸变;接收端甚至接收不到声波,并且一根声测管被泥团包裹将影响两个检测剖面,通过斜测可以分辨这些情况。

④分散性夹泥缺陷:声时增加明显;声速低于声速临界值且下降明显;波幅低于波幅临界值且下降较明显;主频下降明显;波形畸变严重;特别严重时在接收端接收不到声波。与集中性夹泥相比,分散性夹泥的声速有所下降,其余与集中性夹泥类似。

2) 断桩缺陷的声学参数变化特征

正常情形下,混凝土桩的波形见图1.5-9。

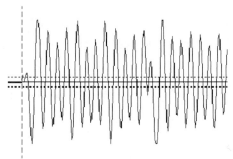 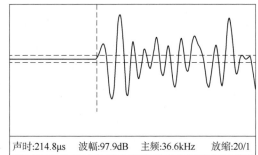

声时:214.8μs　波幅:97.9dB　主频:36.6kHz　放缩:20/1

图1.5-9　正常波形图

断桩缺陷情形下,波形图见图1.5-10,声速、波幅图见图1.5-11。声时急剧增加,声速急剧降低,波幅急剧降低甚至为0,变化步调一致,首波延迟且不明显,波形极不规则、杂乱无章、畸变严重,甚至在可视域内出现直线而找不到首波,主频急剧降低,PSD值急剧增大,并且同一高程的多个剖面声速、波幅急剧降低,具有一定的厚度,有多个上述特征的连续测点。

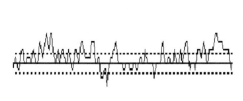 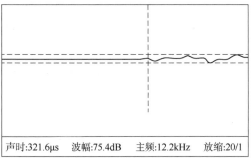

声时:321.6μs　波幅:75.4dB　主频:12.2kHz　放缩:20/1

图1.5-10　断桩缺陷波形图

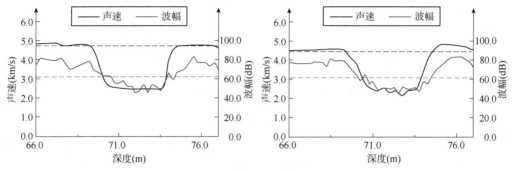

图 1.5-11 断桩缺陷的声速、波幅图

3)桩底沉渣缺陷的声学参数变化特征

桩底沉渣缺陷情形下的波形图见图 1.5-12～图 1.5-16,声速、波幅图见图 1.5-17,声时、PSD 图见图 1.5-18。

与正常混凝土相比,桩底沉渣缺陷必然导致声速和波幅急剧下降,声时急剧增加,PSD 值急剧增大,主频明显下降,波形较差、畸变严重,首波不明显,类似于断桩。但与断桩的区别是,桩底沉渣缺陷发生在混凝土桩底,这是它的一个主要特征,并且随着换能器探头的提升,声速和波幅慢慢变大,直至出现正常的波形,声速和波幅也回归至正常值,声速和波幅从下往上呈现逐渐变大的趋势。

桩底沉渣主要是因为成孔施工时岩屑和泥浆中较大的砂沉在孔底,灌注混凝土时致使沉渣累积在桩底,或是部分沉渣被混凝土冲至桩身的中部位置,沉渣是松散的介质,其本身声速很低,对声波的衰减也相当剧烈,故而其声学参数的变化会出现以上特征。

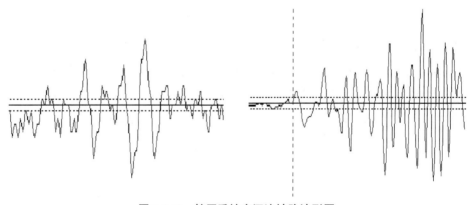

图 1.5-12 较严重桩底沉渣缺陷波形图

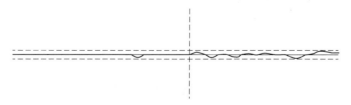

图 1.5-13 严重桩底沉渣缺陷波形图

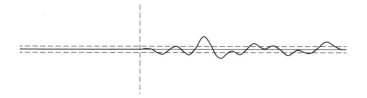

图 1.5-14　桩底沉渣缺陷与完整混凝土过渡区波形图

图 1.5-15　同剖面正常波形图

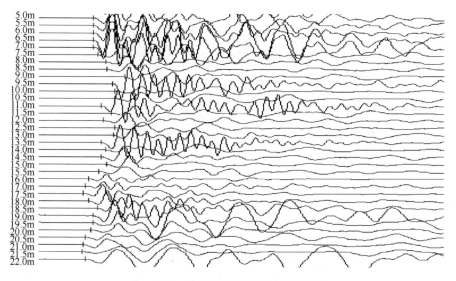

图 1.5-16　桩底沉渣缺陷的实测波列图

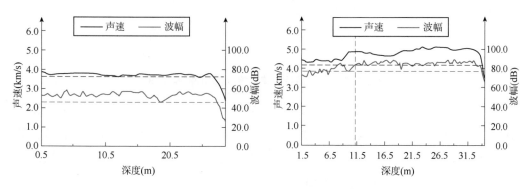

图 1.5-17　桩底沉渣缺陷的声速、波幅图

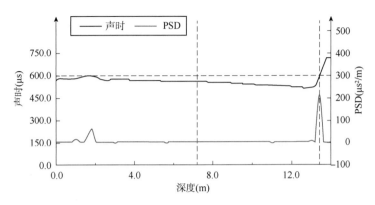

图 1.5-18　桩底沉渣缺陷的声时、PSD 图

4）离析缺陷的声学参数变化特征

轻微离析缺陷的波形图见图 1.5-19，声速、波幅见图 1.5-20。

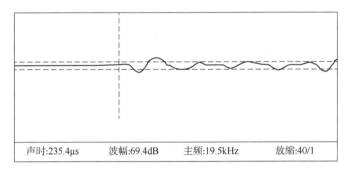

| 声时:235.4μs | 波幅:69.4dB | 主频:19.5kHz | 放缩:40/1 |

图 1.5-19　轻微离析缺陷的波形图

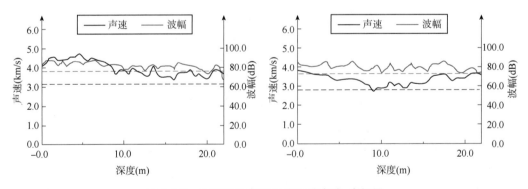

图 1.5-20　轻微离析粗集料堆积的声速、声幅图

轻微的局部离析缺陷，声速时大时小，波动较大；波幅也呈现出时大时小的变化特征，但波幅与声速的变化步调不一致；波形从整体上看时疏时密，但较完整，畸变轻微，首波位置易找到，主频下降较明显。随着离析程度的加重，声速、波幅、主频的降低幅度也越来越明显，波形的畸变程度和完整程度也越来越低。

常见的较严重的离析有两种：一种是混凝土本身质量问题导致的混凝土离析，一种是灌注混凝土过程中操作问题导致的混凝土离析。这两种混凝土离析缺陷的声学参数变化特征是不同的。

脉冲声波经过由灌注混凝土过程中操作问题导致的混凝土离析缺陷部位时,声波会出现严重的衰减,声速和波幅突然明显降低,甚至接收端接收不到信号,当探头提升经过有问题的施工段后,又迅速恢复正常。这种缺陷一般发生在桩身,发生在桩头时,形成桩顶低强。其形成原因为:一是在基桩灌注混凝土的施工过程中,导管埋深不足,致使混凝土翻滚界面不断与水搅动混合,导致混凝土离析;二是在灌注混凝土过程中,埋管过长造成堵管,需进行孔内接桩,当提出导管后,混凝土浆面与孔内的泥浆之间无导管隔离而掺杂在一起,出现混凝土离析。

严重离析缺陷的波形图见图 1.5-21,声速、波幅图见图 1.5-22,声时、PSD 图见图 1.5-23。

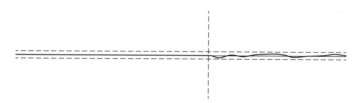

图 1.5-21　严重离析缺陷的波形图

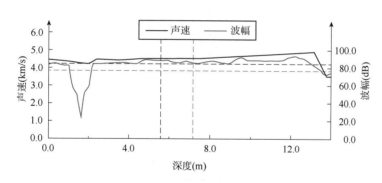

图 1.5-22　严重离析缺陷的声速、波幅图

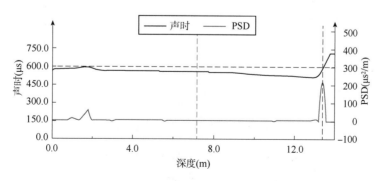

图 1.5-23　严重离析缺陷的声时、PSD 图

由混凝土本身质量问题导致的严重离析缺陷,其声学变化特征为:声时略有延长,声速降低不是特明显或反而有所升高,波幅下降明显但不为0,声速与波幅的变化步调不一致,主频降低明显,周期明显变大,PSD值增加较明显;在同一可视域内容易找到首波,但不是很明显,波形严重畸变,频移严重。

原因分析:由于混凝土配合比不合理或是混凝土生产过程出现问题,都会造成混凝土本身产生离析,严重离析会使粗集料和水泥砂浆分离。由于粗集料本身的声速高,因此粗集料大量堆积处的声速值并不低,有时反而有所升高,但粗集料大量堆积的地方,声学界面多,对声波的反射、散射加剧,接收信号削弱,于是波幅下降。粗集料少而细集料多的地方则正好相反,由于该处砂浆多,粗集料少,测得的声速明显下降,但波幅值不但不下降,有时还会高于附近测值。主要是由于粗集料少,则声波的反射、散射少,应采用声速和波幅两个参数进行综合的分析判断,在缺陷处往往是突变的。

5)桩顶低强缺陷的声学参数变化特征

桩顶低强缺陷的波形图见图1.5-24,声速、波幅图见图1.5-25。

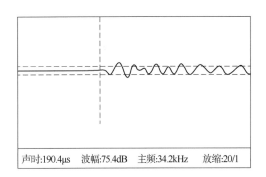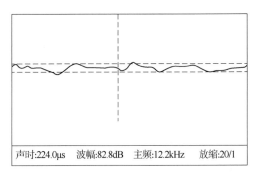

声时:190.4μs	波幅:75.4dB	主频:34.2kHz	放缩:20/1

声时:224.0μs	波幅:82.8dB	主频:12.2kHz	放缩:20/1

图1.5-24 桩顶低强缺陷的波形图

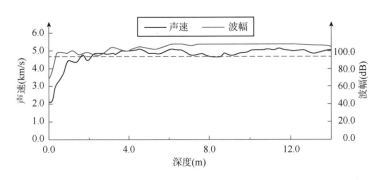

图1.5-25 桩顶低强缺陷的声速、波幅图

可以看出,桩顶低强区的声时明显增加,声速和波幅远低于临界值,声速、波幅明显下降,从下到上,这种降低程度逐渐增大,主频下降明显,周期增加明显,波形图变化无规律,波形异常,畸变严重,有时甚至因无首波而无法判读。该缺陷有一个明显的特征,那就是发生

在桩顶区域内,声速与波幅的降低步调是不一致的,且声速与波幅的降低从下到上是缓变的。

6)贯穿裂缝缺陷的声学参数变化特征

施麟芸利用声波透射法对某一工程抗滑桩基进行了检测,并经过了现场开凿和取芯验证。该抗滑桩桩身1.8m处出现目视2mm宽的裂缝并贯穿四周,检测后确定该贯穿裂缝为断桩,开凿时发现该处确实为断桩。非金属超声波检测仪的实测曲线如图1.5-26~图1.5-28所示。

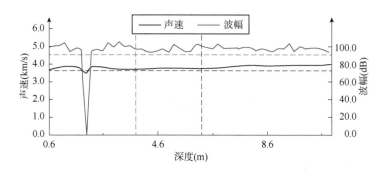

图1.5-26 1.8m处贯穿裂缝声速、波幅图

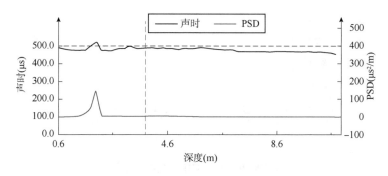

图1.5-27 1.8m处贯穿裂缝声时、PSD图

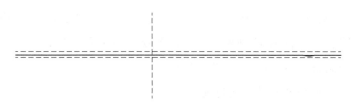

图1.5-28 贯穿裂缝缺陷波形图

贯穿裂缝缺陷的声学参数变化特征和断桩一样,都表现出声时急剧增加,声速、波幅、主频突然急剧下降,且下降步调一致,PSD值明显增加,首波延迟且不明显,波形极不规则、杂乱无章、畸变严重,甚至在可视域内呈现直线而找不到首波。与断桩缺陷的不同点在于,该

缺陷情形的声学参数只是在某一测点突然急剧变化,而不像断桩在几个测点处都呈现出相同的变化规律,即贯穿裂缝缺陷在变化处表现出"尖"状,而断桩缺陷表现出"帽"状。

7)气泡密集缺陷的声学参数变化特征

气泡密集缺陷的波形图见图 1.5-29,气泡密集缺陷的波幅图见图 1.5-30。

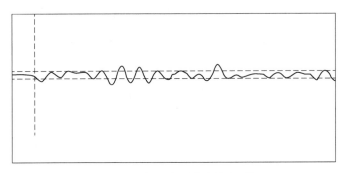

图 1.5-29 气泡密集缺陷的波形图

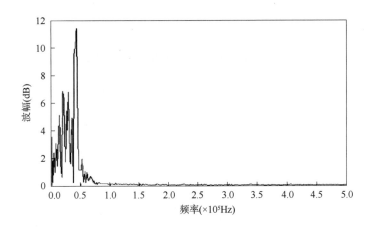

图 1.5-30 气泡密集缺陷的波幅图

气泡密集缺陷的波形会发生畸变,声速降低不是很明显,但声波能量明显衰减,接收波振幅明显下降,波幅衰减较大;从频谱图中可以看出主频峰值向低频漂移,幅值相比完整混凝土桩也明显下降,并且出现多峰现象。造成这种变化特征的原因主要是:空气的声阻抗率远小于混凝土的声阻抗率,超声波在气孔处发生绕射。

8)声测管倾斜时的声学参数变化特征

声测管倾斜时的声学参数曲线见图 1.5-31、图 1.5-32。

与正常混凝土相比,声测管倾斜不会引起波幅的变化,但会引起声速的变化,并且声速的变化是从倾斜始端开始向倾斜末端连续变大或变小。声测管倾斜引起的声速变化与声测管的倾斜方向是一致的,当声测管之间的实际间距变小时,那么从检测仪器上读到的声速值是变大的,在声速-深度曲线上表现出向右倾斜或向上倾斜,见图 1.5-31;当声测管之间的实际间距变大时,那么检测仪器上读到的声速值是变小的,在声速-深度曲线上表现出向左倾斜或向下倾斜。

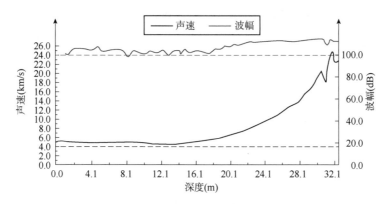

图 1.5-31　声测管倾斜时的声速、波幅图

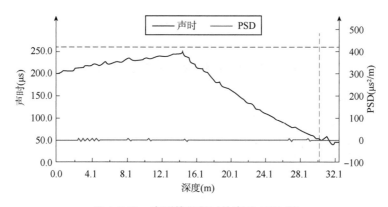

图 1.5-32　声测管倾斜时的声时、PSD 图

对比图 1.5-31 和图 1.5-32 可知,声测管倾斜不会引起 PSD 值的变化,但会引起声时的变化,并且声时的变化趋势和声速的变化趋势是相反的,声速减小,声时增大,声速增大,声时减小,表现出步调一致的相反变化趋势。

与正常混凝土相比,声测管倾斜不会引起波形、主频的变化,与正常混凝土的波形图完全一样。

9)声测管修正后的声学参数变化特征

声测管修正后的声学参数曲线见图 1.5-33、图 1.5-34。

对比图 1.5-31 和图 1.5-33 可知,声测管修正不会引起波幅的变化,与正常混凝土的波幅是一样的,但声测管修正会引起声速的变化,对比可以看出,修正后的声速与正常混凝土的声速是非常接近的。

对比图 1.5-32 和图 1.5-34 可知,声测管修正前后 PSD 值和声时是没有变化的。

因此可以得出结论:与正常混凝土相比,声测管倾斜不会引起波幅、PSD 值、主频和波形的变化,其与正常混凝土是一样的;但声测管的倾斜会引起声速和声时的变化,且声速和声时表现出步调一致的相反连续变化,即声测管向内倾斜致使管间距变小时,声速-深度曲线上声速偏大,表现出向上偏移或向右偏移,声时-深度曲线上声时偏小,表现出向下或向左的偏移;反之,则相反。与声测管间距修正前相比,声测管修正以后,波幅、PSD 值、波形、声时都没有发生变化,只有声速发生了变化,接近正常混凝土的声速。

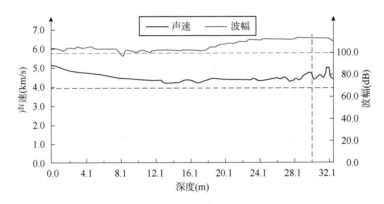

图 1.5-33　声测管修正以后的声速、波幅图

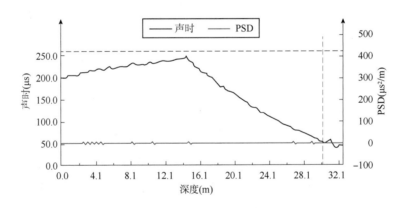

图 1.5-34　声测管修正以后的声时、PSD 图

因此,与正常混凝土相比,修正后的波幅、波形、PSD 值、主频没有发生变化,修正后的声速基本接近正常混凝土的声速。

10)正常混凝土的声学参数变化特征

正常混凝土的声学参数曲线见图 1.5-35~图 1.5-37。

正常混凝土桩各声测剖面每个测点的声速、波幅均大于临界值,声速、波幅波动不大,基本呈一条直线;PSD 值稳定,几乎没有波动;波形正常、饱满、无畸变,接近正弦波,首波陡峭,首波幅度大,第一周波后半周即达到较大振幅,接收波的包络线呈半圆形;频率高,接近于发射波频率。

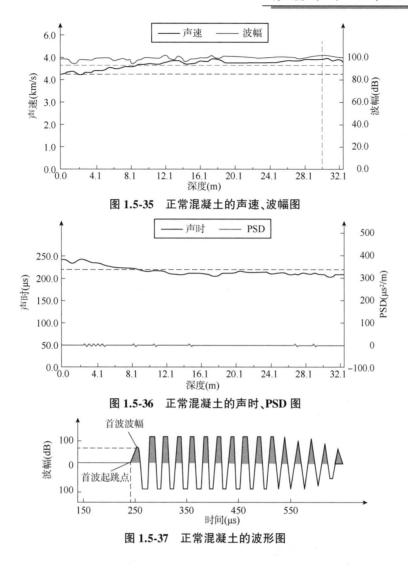

图 1.5-35　正常混凝土的声速、波幅图

图 1.5-36　正常混凝土的声时、PSD 图

图 1.5-37　正常混凝土的波形图

5.3　混凝土桩缺陷的判据

　　了解并掌握混凝土桩在各种缺陷情形下的声学参数变化特征,有助于快速地发现缺陷、判断缺陷类型。

　　混凝土桩缺陷的判据可以分为定性判据和定量判据两种。定量判据是确定是否存在缺陷的依据;定性判据是在定量判据的基础上,进一步确定缺陷类型的依据。在实际判定过程中,有效结合定量判据和定性判据是准确判定混凝土缺陷的关键。

5.3.1　混凝土桩缺陷的定性判据

1)混凝土桩缺陷的定性判据

混凝土桩缺陷的定性判据如表 1.5-1 所示。

表 1.5-1

混凝土桩缺陷的定性判据

缺陷名称	声时变化	声速变化	波幅变化	主频变化	波形变化	特征说明
断桩	急剧增加	急剧降低	急剧降低	急剧降低	严重畸变	①波形严重畸变，极不规则，杂乱无章，甚至在可视域内出现直线。②同一高程多个剖面声速、波幅急剧降低，步调一致，具有一定厚度，有多个上述特征的连续测点，声速-深度曲线、波幅-深度曲线呈现槽状
桩底沉渣	急剧增加	急剧降低	急剧降低	急剧降低	严重畸变	①波形严重畸变，首波不明显，类似于断桩。②发生于桩底，声速、波幅变化步调一致。③随着探头提升，声速和波幅慢慢变大，直至出现正常波形，声速和波幅也回归至正常值，从下往上呈现出逐渐变大的趋势
桩顶低强	增加明显或急剧	下降明显或急剧	下降明显或急剧	下降明显或急剧	严重畸变	①波形异常，变化无规律，有时甚至找不到首波。②发生于桩头，声速、波幅降低步调不一致，声速在前，波幅在后，波速与波幅的降低从下到上是缓缓的。③由灌注过程操作问题导致的混凝土严重离析缺陷与桩顶低强缺陷的声学参数变化特征基本一样，只不过其发生在桩身，当探头提升经过该段缺陷后，声学参数迅速恢复正常
贯穿裂缝	急剧增加	急剧降低	急剧降低	急剧降低	严重畸变	①首波延迟且不明显，波形极不规则，严重畸变，甚至在可视域内出现直线。②声速、波幅变化步调一致，但与断桩的明显区别在于声速-深度曲线，波幅-深度曲线呈尖尖状
分散性泥团	增加明显	下降明显	下降比较明显	下降明显	畸变比较明显	与集中性泥团情形相比，声速有所下降，其余与集中性泥团相似

续上表

缺陷名称	声时变化	声速变化	波幅变化	主频变化	波形变化	特征说明
轻微局部夹泥或颈缩	增加较明显	下降较明显	下降较明显	下降较明显	畸变较明显	①位于桩缘,声速、波幅下降步调一致。 ②随着缺陷严重程度的加剧,声学参数的变化增大。 ③轻微局部夹泥或颈缩缺陷的声学参数变化特征与未包裹声测管的轻微集中性夹泥缺陷的声学参数变化特征基本一样,只不过一个位于桩缘,另一个位于桩中。 ④未包裹声测管的严重集中夹泥缺陷,声测管外露缺陷与夹断桩缺陷的声学数变化特征基本一样
包裹声测管的集中性夹泥	增加明显	下降明显	急剧降低	下降明显	严重畸变	①波形严重畸变,首波位置不明显,接收端甚至接收不到声波。 ②一根声测管被泥团包裹,将影响两个检测剖面,通过斜测可以分辨此情况
局部轻微离析	时而增加,时而减少	时而增加,时而降低	时而增加,时而降低	下降较明显	畸变轻微	①声速和波幅时大时小,波动较大,但基本不会过临界值,且声速与波幅变化步调不一致,没有呈现出同调的变化特征。 ②从整体上看,波形较致密,但较完整,畸变轻微,易找到首波位置。 ③随着离析程度的加剧,声学参数的变化程度也越大
粗集料离析	增加不是特别明显	降低不是明显或反而有所增加	下降明显	降低较明显	畸变严重	①波幅下降明显但不为0。 ②波形畸变严重,在同一可视域内能够找到首波,但不明显,频严重。 ③对于由混凝土质量引起的粗集料多而细集料少的离析缺陷,其声学特征与粗集料离析恰好相反,表现为声时明显增加,声速明显降低,波幅下降明显,主频明显降低,波形变化不是特别明显
集中性气孔	减少不是特别明显	降低不是特别明显	降低明显	降低较明显	畸变较明显	①声速降低不是很明显,其声学参数变化程度比集中性气孔缺陷更明显。 ②孔洞缺陷比集中性气孔缺陷严重,其声学参数变化程度比集中性气孔缺陷更大,表现为声速和波幅的大幅降低

2) 混凝土桩缺陷的常见判别技巧

①桩头出现声速、波幅同时逐步降低，波幅下降迟于声速，或是位置较靠近桩顶，则为桩顶低强缺陷。

②桩身位置如果出现小范围的全断面波幅明显降低而声速未降低的现象，则为混凝土粗集料离析缺陷。

③桩身位置如果出现小范围的全断面声速明显降低而波幅降低不是特别明显或反而有所增加，则为离析缺陷。

④若出现波幅和声速下降，主频也明显下降，则为夹砂（泥）或是分散性泥团。

⑤若由某一声测管引出的几个声测剖面同时出现接收端无接收波形，且排除声测管接头的影响因素，则为声测管被泥团包围的缺陷。

⑥若桩身出现大范围接收端无接收波形的情况，且桩身大范围出现声速、波幅急剧降低的现象，声速-深度曲线、波幅-深度曲线呈现出帽状，则为断桩缺陷。

⑦若桩底声速、波幅同时下降，且主频也明显下降，且下降的幅度由桩底往上逐步降低，则为桩底沉渣缺陷。

5.3.2　混凝土桩缺陷的定量判据

混凝土桩缺陷的定量判据主要有声速、波幅和 PSD 值，其定量判断依据如表 1.5-2 所示。

混凝土桩缺陷的定量判据 表 1.5-2

判据名称	判据关系	判据结论
声速	各测点声速v_i小于等于声速临界值v_{c0}	存在缺陷
波幅	各测点声幅A_{pi}小于声幅临界值A_m-6	存在缺陷
PSD	各测点的 PSD 判据K_i大于临界判据值K_c	夹层或断桩

5.4　混凝土桩完整性的分类及综合判定

5.4.1　混凝土桩完整性的分类

虽然国内关于基桩完整性分类的标准各有不同，但它们在分类等级上大同小异，表 1.5-3 为《建筑基桩检测技术规范》（JGJ 106—2014）的桩身完整性分类表。

《建筑基桩检测技术规范》(JGJ 106—2014)桩身完整性分类表　　　　表 1.5-3

类别	各声学参数特征
I	所有声测线声学参数无异常,接收波形正常,存在声学参数轻微异常、波形轻微畸变的异常声测线,异常声测线在任一检测剖面的任一区段内纵向不连续分布,且在任一深度横向分布的数量少于检测剖面数量的50%
II	存在声学参数轻微异常、波形轻微畸变的异常声测线。异常声测线在一个或多个检测剖面的一个或多个区段内纵向连续分布,或在一个或多个深度横向分布的数量大于或等于检测剖面数量的50%。 存在声学参数明显异常、波形明显畸变的异常声测线,异常声测线在任一检测剖面的任一区段内纵向不连续分布,且在任一深度横向分布的数量少于检测剖面数量的50%
III	存在声学参数明显异常、波形明显畸变的异常声测线,异常声测线在一个或多个检测剖面的一个或多个区段内纵向连续分布,但在任一深度横向分布的数量少于检测剖面数量的50%。 存在声学参数明显异常、波形明显畸变的异常声测线,异常声测线在任一检测剖面的任一区段内纵向不连续分布,但在一个或多个深度横向分布的数量大于或等于检测剖面数量的50%。 存在声学参数严重异常、波形严重畸变或声速低于低限值的异常声测线,异常声测线在任一检测剖面的任一区段内纵向不连续分布,且在任一深度横向分布的数量少于检测剖面数量的50%
IV	存在声学参数明显异常、波形明显畸变的异常声测线,异常声测线在一个或多个检测剖面的一个或多个区段内纵向连续分布,且在一个或多个深度横向分布的数量大于或等于检测剖面数量的50%。 存在声学参数严重异常、波形严重畸变或声速低于低限值的异常声测线,异常声测线在一个或多个检测剖面的一个或多个区段内纵向连续分布,或在一个或多个深度横向分布的数量大于或等于检测剖面数量的50%

5.4.2　混凝土桩缺陷综合判定

1) 混凝土桩缺陷综合判定的必要性

在灌注桩的声波透射法检测中,利用所检测的混凝土声学参数发现桩身混凝土缺陷、评价桩身混凝土质量从而判定桩的完整性类别,是检测的最终目的。但是,混凝土是一种多材料的集结体,声波在其中的传播过程是一个相当复杂的物理过程;此外,混凝土灌注桩的施工工艺复杂、难度大,混凝土的硬化环境和条件以及影响混凝土质量的其他各种因素远比上部结构复杂和难以预见,因此桩身混凝土质量的离散性和不确定性明显强于上部结构混凝土。从测试角度看,在混凝土桩内进行声波透射法检测时,各测点的测距及声耦合状况的不确定性也强于上部结构混凝土,因此一般情况下桩的声波透射法测量误差大于上部结构混凝土。

由于混凝土桩在各种缺陷下的声学参数、PSD 判据、波幅、主频、实测波形各有特点,在实际应用时,既不能惟"声速论",也不能不分主次地将各种判据同等对待。声速与混凝土的弹性性质有关,波幅与混凝土的黏塑性相关,采用以声速、波幅判据为主的综合判定法是全面反映混凝土质量的合理的、科学的处理方法。

混凝土桩身完整性类别应结合桩身混凝土各声学参数临界值、PSD 判据、桩身质量可疑点加密测试后确定的缺陷范围,按照桩身完整性分类表中的特征进行综合判定。

2)综合判定方法

在声测管绝对平行的条件下,相对于其他判据来说,声速的测试值是最稳定的,可靠性也最高,而且有明确物理意义,与混凝土强度有一定的相关性,是进行综合判定的主要参数;波幅的测试值是一个相对比较量,本身没有明确的物理意义,其测试值受多种非缺陷因素的影响,不如声速稳定,但它对桩身混凝土缺陷很敏感,是进行综合判定的另一重要参数。

综合判定方法可以按以下步骤进行:

①架设好仪器,采用平测法对桩的各检测剖面进行全面普查。

②结合各检测剖面的测试结果和声测管倾斜时各声学参数的变化特征来判断声测管是否发生倾斜;如果发生倾斜,则进行声测管间距的修正,进而对声速进行修正;如果声测管没有倾斜,则进行下一步。

③采用概率法确定各检测剖面的声速临界值。如果某一检测剖面的声速临界值与其他剖面或同一工程的其他桩的临界值相差较大,则应分析原因,如果是因为该剖面的缺陷点声速离散性太大,则应参考其他桩的临界值;如果声速的离散性不强,但临界值明显偏低,则应参考声速低限值判据。

④判定异常值。对低于临界值的测点或 PSD 判据中的可疑点,如果其波幅值也明显偏低,则这样的测点可确定为异常点。

⑤对各剖面的异常测点进行细测,即加密测试。采用加密平测或交叉斜测等方法验证平测普查对异常点的判断并确定桩身缺陷在该剖面的范围和投影边界。细测的主要目的是确定缺陷的边界。加密平测和交叉斜测时,在缺陷的边界处,波幅较为敏感,会发生突变,声速和接收波形也会发生变化,应该综合运用这些指标。

⑥剔除异常点,重新计算声速临界值和波幅临界值。剔除异常点的目的是减小异常点对声速和波幅临界值的影响,使计算的声速、波幅临界值更接近于正常混凝土,从而减少缺陷的漏判等现象。

⑦综合各个检测剖面细测的结果,推断桩身缺陷的范围和程度。缺陷范围的推断方法为:考察各剖面是否存在同一高程的缺陷,如果不存在同一高程的缺陷,则该缺陷在桩身截面的分布范围不大,该缺陷的纵向尺寸将由缺陷在该剖面的投影的纵向尺寸确定;如果存在同一高程的缺陷,则依据该缺陷在各个检测剖面的投影大致推断该缺陷的纵向尺寸和在桩

身截面上的位置、范围。对桩身缺陷几何范围的推断是判定桩身完整性类别的重要依据,也是声波透射法检测混凝土灌注桩完整性的优点。缺陷程度的推断依据为:实测声速与正常混凝土声速(或平均声速)的偏离程度;缺陷处实测波幅与同一剖面内正常混凝土波幅(或平均波幅)的偏离程度;缺陷处的实测波形与正常混凝土测点处实测波形相比的畸变程度;缺陷处 PSD 判据的突变程度。

⑧按照桩身完整性分类表和缺陷特征,对桩身完整性做出正确的评判。

本章参考文献

[1] 郭冬兵,何金凤.混凝土灌注桩的常见缺陷及超声检测法分析[J].科技信息,2010(8):300.

[2] 杨红妮.混凝土灌注桩的常见缺陷及超声检测分析[J].门窗,2019(18):237.

[3] 王鹏辉,黄海,任静,等.混凝土灌注桩的常见缺陷性质与声学参数关系的探讨[J].中国新技术新产品,2010(15):8.

[4] 杜汉文.混凝土灌注桩桩身缺陷成因浅析[J].建材与装饰,2018(32):34-35.

[5] 罗敏娜.混凝土灌注桩钻芯法检测常见缺陷类型的准确界定[J].广东土木与建筑,2019,26(8):4.

[6] 梁栋.浅析灌注桩的常见缺陷[J].建筑工程技术与设计,2018(28):2999.

[7] 朱伟强.浅析钻孔灌注桩成桩缺陷及预防措施[J].施工技术,2006(S2):44-46.

[8] 刘正强,王青.浅析钻孔灌注桩缺陷成因及处理方法[J].科技信息,2009(25):285.

[9] 钱华.钻孔灌注桩的检测方法及常见缺陷和原因[J].城市建设理论研究:电子版,2012(3):1-8.

[10] 杭纲领.灌注桩超声波透射法质量评价的可靠性研究[D].长沙:长沙理工大学,2010.

[11] 林云飞.基于小波分析的超声波透射法基桩检测信号处理[D].长沙:长沙理工大学,2011.

[12] 陈信春.灌注桩声波透射法应用研究[D].长沙:长沙理工大学,2008.

[13] 董文科.声波透射法检测灌注桩混凝土缺陷的定性分析[J].科技展望,2016,26(9):14-16.

[14] 施麟芸.超声波测缺陷法在混凝土灌注桩中的应用[J].江西建材,2012(3):21-22.

[15] 杨永亮.超声波透射法在桩基完整性检测中的应用[M].武汉:武汉理工大学,2012.

[16] 于忆骅,古松,姚勇.超声波透射法在灌注桩缺陷检测中的应用[J].路基工程,2010(3):175-177.

［17］中华人民共和国住房和城乡建设部.建筑基桩检测技术规范:JGJ 106—2014［M］.北京:中国建筑工业出版社,2014.

［18］陈凡,徐天平,陈久照,等.基桩质量检测技术［M］.北京:中国建筑工业出版社,2003:222-312.

［19］刘雨岚.基于综合法的大直径基桩质量检测与评价［D］.兰州:兰州理工大学,2016.

第 2 篇
隧道衬砌地质雷达法检测技术

第1章 概　　述

1.1 隧道衬砌检测方法

中国是一个多山的国家,人口占世界总人口的五分之一,大城市和特大城市众多,经济发展迅速,交通需求旺盛,必然要修建大量的铁路、公路和城市轨道交通设施。以前,这些设施主要以道路、桥梁工程为主。近些年,随着环保要求的提高、西部大开发深入推进以及大城市地面交通拥堵状况的加剧,为避免大挖大填引发的滑坡、崩塌、碎石坠落、水土流失等不良地质现象,减少对山体的扰动,更好地保护生态环境,在地形、地貌及地质背景复杂的地区,隧道工程越来越受到青睐。

在修建隧道过程中,受复杂地质环境、施工条件的限制,加之易出现的施工不规范情况,隧道衬砌易出现二次衬砌厚度、钢筋间距、拱架间距不达标,二次衬砌与初期支护间存在脱空,初期支护背后存在空洞等质量问题。因此,必须加强隧道衬砌质量的检测,以确保隧道的质量与安全。隧道衬砌检测的类别及主要检测方法及分类如图 2.1-1 所示。

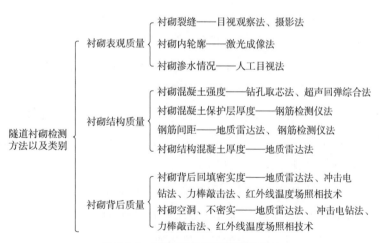

图 2.1-1　隧道衬砌检测类别与方法

根据检测是否要破坏结构,可分为破损检测与无损检测。由于破损检测具有破坏性,因此近年来人们越来越多地使用无损检测手段。其中,地质雷达法凭借快速、无损、高效的优点在隧道工程领域得到了较为广泛的应用与研究。

1.2 地质雷达法

1.2.1 地质雷达法的定义

地质雷达法是使用探地雷达（Ground Penetrating Radar，简称 GPR），以人为激励的方式向介质或被测对象中发送脉冲形式的高频宽带电磁波，在介质或被测对象中传播的电磁波遇到存在电性差异的目标体时会发生反射，经反射后的电磁波传播到目标体或被测对象的表面，由探地雷达的接收天线接收，进而根据接收到的电磁波信号波形、强度、双程走时等参数来推断目标体或被测对象的空间位置、结构、电性及几何形态的方法。

1.2.2 地质雷达法的发展

自 20 世纪 70 年代开始，地质雷达法进入工程物探领域。地质雷达法的早期应用主要集中在勘探方面。随着探地雷达的不断完善和发展，地质雷达法陆续进入更多的领域，其应用范围不断扩大，作用日趋明显，特别是进入 21 世纪以来，地质雷达法更是得到空前的发展，其重要性日益彰显。

20 世纪 80 年代末，地质雷达法传入我国。目前，在中国影响比较大的国外探地雷达制造商主要有瑞典 MALA 公司、美国 GSSI 公司、加拿大 SSI 公司等。另外，国内多所大学和研究机构也在研制和生产探地雷达，如北京爱迪尔国际探测技术有限公司、青岛电磁传播研究所等。地质雷达法经过不断发展，其硬件和软件技术日趋成熟，总的趋势是控制系统采用的处理器越来越先进，接收的频带范围越来越宽，天线频率呈系列化，通过选择不同频率的天线，能满足深层地下勘探和浅层高分辨率检测的需求。

2005 年，美国 GSSI 公司生产的 SIR-3000 雷达在硬件和软件方面取得了较其他厂家明显的进步和优势，探地雷达进入便携式时代，操作界面更为友好，且隧道里程信息可以通过距离归一化方法与探地雷达检测数据实现关联。

2010 年后，各种探地雷达呈小型化发展趋势，在检测工作中的应用更加方便，数据处理功能有所加强，基本可实现距离归一化处理，操作界面都很友好。

目前，探地雷达在硬件和软件方面的发展趋势如下：

1）硬件方面

硬件方面的趋势是模块化设计，即在设计时尽量把雷达产品系统的共用部分做成单独模块，以便让不同频率的天线共同使用。这样的设计可以节约成本，用户在扩展业务范围时，只需很少的资金就可以添置新天线。

组合天线是把两个不同频率的天线组合在一起,用户可根据不同需要轻松选择不同的天线,如300MHz天线和800MHz天线的组合。硬件的发展大大改进了隧道检测工作,提高了检测效率和检测质量。但有些问题是由检测过程中的其他因素导致的,无法避免,如:在建隧道隧底地面不平、检测车行走速度不一引起的里程偏差问题;检测车行驶过程中由颠簸引起的雷达天线和隧道表面耦合不良问题导致的雷达图像失真或信噪比低的问题;隧道质量检测中有效异常和干扰异常的区分;隧道衬砌中钢筋对电磁波的屏蔽作用对检测对象的影响等问题。这些都需要做深入、专业的研究。

2)软件方面

随着信号处理和图像识别技术的飞速发展,应用软件也得到了相应的改进。目前地质雷达法使用的处理软件有两类。

一类是基于地震技术的软件。该类软件从地震物探软件的功能中选择与雷达有关的部分,这种软件的处理技术比较全面,具备物探知识的用户能够用它来做各种处理,其缺点是非物探人员使用起来会很困难。这类软件的代表为REFLEXW,它的处理功能非常完备,有探地雷达所需的各种处理功能,还可以进行层位追踪、速度拟合、自动出具各层厚度报告等,但存在对隧道检测中的一些细节考虑不周的问题。

另一类软件是一些探地雷达厂家自己开发的软件。该类软件添加了探地雷达所需要的基本处理功能。这类软件的优点是处理简单,非物探用户使用起来很方便;缺点是用户选择的余地很小,对有的雷达数据的处理不理想。

探地雷达数据处理软件的处理功能一般有:去直流漂移、调整时间零点、道编辑、插道、背景去除、二维空间滤波、振幅调整、反褶积、带通滤波、偏移处理等。同时,要求软件能很方便地在图像上进行描绘(如将各层用不同颜色显示等)。但很多软件的功能仅限于地质勘察领域,在隧道质量检测领域的扩展功能少,甚至缺失一些必要的功能;隧道检测的测线多,每个检测文件的测线长度不一,探地雷达数据处理软件每次只能处理一个文件,很难同时将某一里程段各条测线的厚度成果图综合在一起,需要借助Excel或其他工具软件来完成,这些都要求进一步完善探地雷达数据处理软件。

1.2.3　地质雷达法的应用

地质雷达法的早期应用主要集中在勘探方面,随着探地雷达分辨率、检测效率等不断进步,地质雷达法陆续进入更多的领域,其应用范围不断扩大,作用日趋明显。特别是进入21世纪以来,地质雷达法更是得到空前的发展,其重要性日益彰显。目前,地质雷达法主要应用于矿业工程、管线工程、道路工程、隧道工程、桥梁工程、地质工程、环境检测工程和考古工程等领域。

在矿业工程领域,地质雷达法应用范围包括:探测矿业工程采空区、陷落柱、含水层、塌陷区、失水裂隙带、风化带、断层破碎带、瓦斯突出、废弃巷道、围岩松动及采矿场地充填等的位置和范围。应用实例有:张远博等人结合河北某公路工程探讨了地质雷达法在采空区探测工程中的应用;张永杰等人利用探地雷达分析得出了杨庄矿"一号陷落柱"在原预测位置不存在的结论;逯富强利用探地雷达探测了和睦山铁矿采矿区的进路围岩松动圈;杨峰、彭苏萍提及了探地雷达在矿业工程风化带、断层带、废弃巷道、塌陷区、采矿场地充填探测等方面的应用。

在管线工程领域,地质雷达法的应用范围包括:探测地下金属管线、地下水泥管线、地下废金属管线、地下防空洞以及地下光缆的空间位置和埋设深度;探测因管线施工引起的周围地基病害。应用实例有:张进华等人阐述了探地雷达在地下管线探测中的应用,包括对地下金属管线、地下水泥管线、地下防空洞和地下光缆的探测;杜良法等人利用探地雷达对各类非金属管线进行探测,提出了探地雷达探测地下管线时的主要影响因素;何亮等人利用探地雷达探测了因地下管线施工引起的周围地基病害的类型、范围等。

在道路工程领域,地质雷达法的应用范围包括:路基路面质量检测,包括路面结构厚度、密实度、路面病害(基层缺陷、面层施工质量)、路基病害(路基不密实与高含水区、路基脱空、路基沉陷、路基开裂、路基软弱层与滑动面)、路面裂缝、路面维修质量;铁路路基注浆效果检测、铁路软基水泥桩检测、铁路挡土墙质量检测、铁路路基含水状态检测、铁路道床状态检测等。应用实例有:徐明波详细阐述了探地雷达在路基不密实与高含水区、路基脱空、路基沉陷、路基开裂、路基软卧层及滑动面检测中的应用,以及在路面工程基层缺陷、沥青面层厚度、沥青面层压实度与空隙率以及路面病害检测中的应用;张孝胜阐述了探地雷达在路面维修质量、路面裂缝调查等方面的具体应用;储昭飞等人采用探地雷达技术对京九铁路某注浆加固段进行了检测和分析,检验了该路段的注浆加固效果;邵开胜等人利用探地雷达对汉宜铁路 HYZQ-3 标段软基处理水泥桩进行了检测,准确查明了该路段水泥桩桩位、桩数和桩距,为铁路路基处理工程质量评价提供了可靠的依据;冯彦谦等人利用探地雷达检测了西南某铁路挡土墙的厚度和修筑质量,并利用该方法进一步判断了墙体背后的充填情况;刘杰利用探地雷达技术进行了铁路路基含水状态的研究;肖志宇应用探地雷达对朔黄铁路的道床进行了检测与评定。

在桥梁工程领域,地质雷达法的应用范围包括:检测桥梁工程质量,包括钢筋数量及分布密度、保护层厚度、空心板顶板厚度、预应力管道定位、桥面结构层裂缝及破碎情况、塑料波纹管注浆状况、大体积混凝土缺陷等的检侧;桥头搭板脱空、梁板预应力管道灌浆的密实性检测。应用实例有:郭士礼等人通过应用实例阐述了探地雷达在桥梁梁板钢筋数量、密度、保护层厚度、桥面结构裂缝、桥面结构破碎情况以及空心板顶板厚度的检测中的应用;潘海结阐述了探地雷达在预应力管道定位、塑料波纹管注浆状况、大体积混凝土缺陷等方面的检测和应用状况；徐明波详细阐述了探地雷达在桥头搭板脱空、梁板预应力管道灌浆密实性不足等缺陷的检测中的应用。

在地质工程领域，地质雷达法的应用范围包括：探测断层、褶皱、岩性变化、地层破碎带、充水、充泥、溶洞，确定持力层位置，确定地层中暗河、古河道等特殊地质现象。应用实例有：陈家博对断层破碎带、富水带、溶洞等雷达图像特征进行了分析总结；练友红利用探地雷达成功地探测了武隆隧道下的岩溶和暗河。

在水利水电工程领域，地质雷达法的应用范围包括：探测地质剖面分层、基岩埋深、堤坝内部空穴和裂缝、地下岩溶与裂隙、地下水资源及水污染的范围，探测水利水电工程的边坡建设质量。应用实例有：施逸忠提出了将探地雷达用于探测水利水电工程中的地质剖面分层、基岩埋深、堤坝内部空穴和裂缝等；彭忠师进行了探地雷达应用于水利水电工程中地下水资源及水污染范围探测、边坡建设的分析。

在环境检测工程领域，地质雷达法的应用范围包括：用于地下掩埋垃圾场的调查，圈定掩埋垃圾场的分布范围，确定垃圾掩埋深度及厚度，结合其他方法对垃圾场进行分类，估计污染源的扩散范围、周围介质的污染程度，在垃圾场选址时结合其他方法研究场区的地质构造及水位地质条件；用于农业土壤调查分类；探测地下储油罐位置、加油站泄漏点和污染范围等。应用实例有：杜树春详细阐述了将探地雷达用于垃圾场分布范围、掩埋深度和厚度、污染源扩散范围及周围介质污染程度的调查分析；王丹等人介绍了探地雷达在地下有机物污染监测方面的应用；何瑞珍利用探地雷达技术进行了土壤物理性质的检测，包括土壤质地、层次、砾石含量、水分含量、土壤污染、压实、含盐量、介电特性和有机质的检测。

在考古工程领域，地质雷达法的应用范围包括：用于古文化层埋深调查、古遗址探测、地下埋藏物探测、地下墓穴探测、古建筑结构和风化程度检测、古代壁画空鼓区域调查。应用实例有：赵文轲利用探地雷达进行了 Aquileia 考古遗址数据的采集和分析，进行了浙江茅山遗址埋藏文物体的无损检测，并应用于云南南诏古城遗址的调查研究，分析了古城墙、古窑址、古墓葬的探地雷达属性。

在地质灾害防治领域，地质雷达法的应用范围包括：探测滑坡、崩塌、泥石流、地面沉陷、水土流失，以及特殊土的范围、位置、规模等。应用实例有：杨成林应用探地雷达技术获取了清晰反映赵子秀山滑坡裂缝位置、走向、深度的高质量图像，证明了用探地雷达进行滑坡裂缝探测是一种便捷有效的方法；李英宾等人采用高密度电阻率法和地质雷达法相结合的方法，查明了北京延庆区泥石流松散堆积物的厚度，并较好地划分了松散堆积物的层次；刘红存介绍了探地雷达在拉练场地病害检测中的应用。

在建筑工程质量检测领域,地质雷达法的应用范围包括:检测地基土及复合地基的质量,检测大型钢结构建筑施工质量。应用实例有:李永通以某高层建筑为例,介绍了探地雷达在地基处理施工与检测中的应用;王晏民介绍了探地雷达在大型钢结构建筑施工监测与质量检测中的应用。

在隧道工程领域,地质雷达法的应用范围包括:检测隧道病害,包括衬砌厚度不足、衬砌背后回填不密实、衬砌结构内部灌注不密实、空洞、裂缝、蜂窝、积水、超(欠)挖、钢筋缺失、钢筋间距不合理等;隧道超前地质预报。应用实例有:周立功等人阐述了探地雷达在隧道病害检测中的应用,详细介绍了混凝土衬砌蜂窝欠实与脱空、混凝土衬砌内裂缝、空洞与回填疏松地段积水、围岩裂隙与混凝土结构外积水的雷达特征;康富中利用探地雷达技术对风火山隧道的衬砌厚度、衬砌背后的回填不密实及空洞进行了分析,并对衬砌安全等级进行了评定。

1.2.4 地质雷达法的优点

1)高分辨率

探地雷达采用高频电磁波进行检测,其检测结果具有很高的分辨率。常见的时域探地雷达采用的电磁脉冲通常是脉宽只有几纳秒的高斯脉冲,包含丰富的频谱分量,能够得到非常高的分辨率。如在公路路面的检测中,车载探地雷达以 40km/h 的速度进行检测时,采样距离的间隔能够达到 1cm 的精度。

2)高效率

探地雷达采用电磁波作为检测媒介,无须额外的人力、物力对检测目标进行处理,极大地节省了时间。同时,探地雷达系统可以在现场实时显示探测结果,无须复杂的后期处理,极大提高了探测的灵活性和高效性。传统的地球物理方法,如直流电法,需要笨重的供电设备和复杂的野外探测系统,效率低;地震法需要复杂的震源和接收装置,工作效率低。

3)无损检测

探地雷达采用电磁波进行检测,电磁波可以穿透待测介质而不对介质造成物理损伤。探地雷达只需通过天线接收待测目标的回波信号即可还原待测目标体的结构特性。无损是地质雷达法在工程检测领域得以广泛应用的重要优势。

4)结果直观

探地雷达系统可以实时地将检测图形输出到显示设备中,结果直观。随着数据处理技术的不断发展,探地雷达显示的图像已经从二维剖面图发展到三维图,使得结果更加直观,无须专业人员经过复杂的处理即可解读。

1.2.5 地质雷达法的缺点

探地雷达采用电磁波作为媒介进行探测,而电磁波的传播会受到介质的影响。根据电磁学理论可知:介电常数较大的物质会对电磁波造成较大损耗;在同一介质中,不同频率的电磁波会有不同程度的衰减。这些因素都限制探地雷达在某些环境中的应用。

电磁波在介质中的传播受到介电常数、电导率和磁导率等参数的综合影响,而这三个参数中,介电常数的影响比较大。与自然界的主要介质和工程领域的主要人造介质相比,水的介电常数比较大(相对介电常数为81,一般岩石为6左右),因而在探地雷达探测中,水具有较大的响应。曾有研究人员采用这一特性,利用探地雷达来探测含水量并分析地下水的分布。但这一特性也为探地雷达的应用带来了困难,因为地面的干湿程度将严重影响探测的结果,也影响探地雷达探测资料的可重复性,对资料的评价和图像解释带来困难。

探地雷达测量的是介质的阻抗差异,但这种阻抗差异并不是一成不变的,它可能随着环境的改变而发生变化。这就不可避免地导致测量结果的不确定性,主要表现为探测异常现象多、探测目标复杂时很难进行目标的认定和识别。

另外,尽管地质雷达法存在分辨率高的特点,但在实际应用中存在许多多尺度的介质问题。到目前为止,针对多尺度的目标介质,除采用等效参数进行解释外,还无法充分利用探地雷达的多分辨率性质进行解释。

与其他地球物理方法相比,地质雷达法具有许多优势,但由于上述局限性,地质雷达法在很多领域的应用效果受到限制。总之,探地雷达的应用要有针对性和选择性。

1.3 探地雷达波的特征

1.3.1 探地雷达波是电磁波

根据空间发生扰动形式的不同,扰动可分为机械扰动和电磁扰动。波是由空间某处发生的扰动以一定的速度由近及远传播而形成的,波可以分为机械波和电磁波两种。

机械扰动在介质内的传播形成机械波,如水波、声波;电磁扰动在真空或介质内的传播形成电磁波,如电波、光波等。

探地雷达检测隧道衬砌结构时使用的雷达波属于电磁波。

1.3.2 探地雷达波是高频短脉冲波

以频率和波长为依据划分电磁波,则电磁波的种类及属性如表2.1-1所示。

依据频率和波长划分的电磁波种类及其属性　　　　表 2.1-1

频段名称	频率范围	波段名称	波长范围(m)
极低频	3~30Hz	极长波	$100\times10^6 \sim 10\times10^6$
超低频	30~300Hz	超长波	$10\times10^6 \sim 1\times10^6$
特低频	300~3000Hz	特长波	$100\times10^4 \sim 10\times10^4$
甚低频	3~30kHz	甚长波	$10\times10^4 \sim 1\times10^4$
低频	30~300kHz	长波	$10\times10^3 \sim 1\times10^3$
中频	300~3000kHz	中波	$10\times10^2 \sim 1\times10^2$
高频	3~30MHz	短波	100~10
甚高频	30~300MHz	超短波	10~1
特高频	300~3000MHz	分米波(微波)	1~0.1
超高频	3~30GHz	厘米波(微波)	0.1~0.01
极高频	30~300GHz	毫米波(微波)	0.01~0.001

目前,探地雷达设备通常采用的频率在 50~500MHz,探测深度可达 30~50m。从表2.1-1 中可以看出,探地雷达波是一种介于甚高频和特高频之间的高频短脉冲波。

1.3.3　探地雷达波是横波

以介质中质点振动方向与波传播方向的位置关系为依据对电磁波进行划分,电磁波种类及其传播原理如表 2.1-2 所示。

依据质点振动方向与波传播方向的位置关系划分的电磁波种类及其传播原理　表 2.1-2

波的种类	传播原理
纵波(P波):介质质点振动方向平行于波的传播方向	纵波以介质局部容积发生变化而引起的压强变化为传播依赖,这种局部容积的变化是由介质的时疏时密造成的,故而和介质的体积弹性相关。纵波可在固体、液体和气体中传播
横波(S波):介质质点振动方向垂直于波的传播方向	横波以剪应力的变化为传播依赖,这种剪应力的变化由介质产生剪切变形或局部形状变化造成,故而和介质的剪切弹性相关。横波只能在固体中传播,因为液体和气体不能产生剪应力
表面波(R波):介质表面质点的振动方向既不平行、也不垂直于波的传播方向	表面波的传播是介质表面受到交替变化的表面张力作用而引起的介质表面质点发生纵、横向振动的合成运动在介质表面传播而形成的。其只能在固体中传播

探地雷达波属于横波,其在介质中传播时,介质质点振动的方向垂直于波的传播方向。

1.3.4　探地雷达波是平面波

把介质中振动相位相同的点的轨迹称为波振面。根据波振面的形状,可以将波面划分为三种。

①球面波是波振面为球面的波。特性为:声源为点状球体,波振面是以声源为中心的球

面;声强与距声源距离的平方成反比。球面波的传播路径如图 2.1-2 所示。

②柱面波是波振面为柱面的波。特性为:声源为一无线长的线状直柱,波振面是同轴圆柱面;声强与距声源的距离成反比。柱面波的传播路径如图 2.1-3 所示。

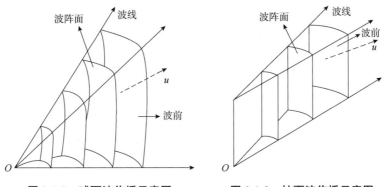

图 2.1-2　球面波传播示意图　　　　图 2.1-3　柱面波传播示意图

③平面波是波振面为平面的波。特性为:无限大平面做谐振动时,在各向同性的弹性介质中传播;从无穷远的点状声源传来的波,其波振面可近似为平面,也可视为平面波;如不考虑介质吸收波的能量,则声压不随与声源的距离而变化。平面波的传播路径如图 2.1-4 所示。

探地雷达波是一种平面波,其波振面为平面。

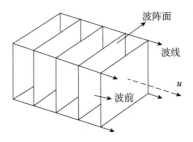

图 2.1-4　平面波传播示意图

1.4　隧道衬砌的特征

隧道衬砌是一种混凝土、钢筋网和钢拱架形成的组合物,因此隧道衬砌具有易形成质量缺陷和多界面结构的特征。

1.4.1　隧道衬砌易形成质量缺陷

隧道衬砌容易形成的质量缺陷主要可分为钢材缺陷和混凝土质量缺陷两种,其详细分类如图 2.1-5 所示。

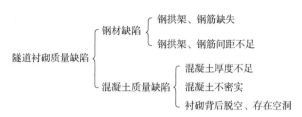

图 2.1-5 隧道衬砌质量缺陷分类

常见隧道衬砌质量缺陷有衬砌背后脱空、衬砌背后存在空洞、混凝土不密实、衬砌厚度不足、钢拱架和钢筋缺失。

衬砌背后脱空的成因有：

①初期支护的平整度不达标,隆起或凹陷,若隧道整体纵坡较小,形成的凹凸面直接造成衬砌的结构尺寸不足或脱空。

②电压不足,泵送压力不满足要求,造成衬砌浇筑过程中脱空;浇筑台车刚度不足或组装不合格,浇筑过程中或浇筑结束后下沉导致衬砌脱空;浇筑完成后未先关闭上料阀门再拆除泵管,造成混凝土下落、衬砌脱空。

③初期支护围岩沉降未稳定,衬砌施工后出现少量脱空。

④混凝土收缩性较大、坍落度过大或过小都会导致衬砌脱空。

⑤在石质或土质地段,仰拱开挖后拱底虚渣未清理干净,拱底孔隙水冲刷造成仰拱底部脱空。

⑥施工人员责任心不足,质量意识不强,监理人员工作不够细致,造成衬砌脱空。

⑦未严格按照"从低坡端向高坡端"和"分层分窗"的浇筑原则进行,造成拱顶空腔、衬砌脱空。

衬砌背后空洞的成因有：

①施工缝处环向中埋式止水带、背贴式止水带安装不平顺,未采用钢筋夹定位,浇筑过程错动造成施工缝处空洞。

②防水板铺设采用热熔垫圈焊接,其拱部设置间距一般为 0.5~0.8m,边墙设置间距为 0.8~1m,防水板铺设不平整、过于紧绷、出现隆起现象时会造成衬砌空洞。

③泵送口位置的选择不合理造成衬砌空洞:隧道二次衬砌灌注从拱墙向上进行,在拱顶收口,模板台车在隧道拱顶上预留注浆口,注浆口方向垂直于模板台车,混凝土进入模板的过程中,流动方向发生变化,产生较大的动力损失,造成衬砌在部分较远位置流动性不足,形成空洞,在部分板缝位置形成三角形空洞。

混凝土不密实的成因有：

①隧道开挖后容易出现岩体松散现象,二次衬砌施工完成后,岩体松散导致二次衬砌施工后局部混凝土灌注后出现塌落现象,造成拱顶不密实。

②隧道洞口段偏压造成不密实。

③边墙不密实大部分由于施工因素造成。

④由于施工单位的原因,在开挖完成的隧底不回填或部分回填后,直接施作仰拱,导致基底不实,后期施作仰拱产生差异沉降,造成基底不稳定,出现基底不密实现象;后期施作仰拱的回填区同样可能存在这些问题,尤其是片石回填区,大块片石堆积而不进行找平和灌浆处理,易导致回填区回填不密实。一般来说,隧道基底区域容易出现片状区域的不密实现象。

衬砌厚度不足的成因有:

①拱部衬砌厚度不足主要由于岩体受施工扰动影响和预留沉降量不足导致造成沉降侵限。

②埋深大、开挖断面大的隧道衬砌厚度不足主要由围岩岩体存在挤压大变形现象造成。

③隧道超欠挖未进行平整处理而直接进行支护并施作衬砌,导致二次衬砌净空不足,进而导致衬砌厚度不足。

④施工水平差异造成衬砌厚度不足。施工单位的施工水平对隧道质量的好坏起着决定性作用。二次衬砌厚度的控制应从初期支护喷射混凝土质量、防水板的安装质量、模板放置精度、灌注过程中人工控制等方面着手,各个环节相辅相成:初期支护喷射混凝土的平整度直接决定防水板的铺设质量,保证防水板松铺度可有效防止拱部脱空与衬砌厚度不足的发生,二次衬砌模板放置精度直接决定衬砌厚度是否在有效范围内。

⑤施工单位为了偷工减料,可能故意扩大模板直径,达到减小衬砌厚度的目的。

钢拱架和钢筋缺失的成因有:

①施工过程中偷工减料,在应布置钢材的位置没有钢拱架或钢筋。

②放线操作失误,致使图纸对应的实际位置缺少钢筋和钢拱架。

1.4.2 隧道衬砌是多界面结构

隧道衬砌是多界面结构,是一个由围岩、衬砌、钢拱架和钢筋组成的复合结构,由于这些材料间的不同组合以及混凝土易受水损害和温度的影响,就会在隧道衬砌结构内形成许多由不同介质组成的分界面,所以隧道衬砌是一个多界面结构。

隧道开挖支护的工艺流程为钻眼爆破→初喷混凝土→钻孔、安装砂浆锚杆并注浆→挂钢筋网→架设型钢支撑→二次喷射混凝土,如图2.1-6所示。根据隧道开挖支护的流程可以知道,隧道

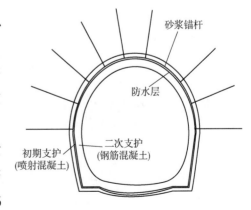

图 2.1-6 隧道施工结构图

衬砌的分界面主要有以下几种：围岩与混凝土的分界面、混凝土与空气的分界面、空气与围岩的分界面、混凝土与水的分界面、水与围岩的分界面、混凝土与钢筋网的分界面、钢筋网与钢拱架的分界面、混凝土与钢拱架的分界面以及水与空气的分界面等。

1.5 探地雷达波在衬砌中的传播规律及特征

1.5.1 探地雷达波在衬砌中的传播规律

1）分界面上的反射与折射

探地雷达利用高频电磁脉冲波的反射原理来实现探测目的。当电磁波在传播过程中遇到不同介质的分界面时会发生反射与折射。图 2.1-7 展示了入射波的两条射线在分界面的反射与折射，θ_i、θ_r 与 θ_t 分别表示入射角、反射角与折射角，入射波和反射波的波速为 v_1，折射波的波速为 v_2，入射波、反射波与折射波的方向遵循反射定律与折射定律。

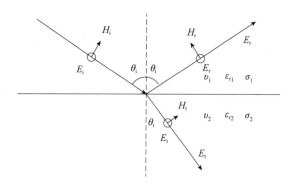

图 2.1-7 雷达波在分界面上的反射与折射

反射定律：

$$\theta_i = \theta_r \tag{2.1-1}$$

折射定律：

$$\frac{\sin\theta_i}{\sin\theta_t} = \frac{v_1}{v_2} \tag{2.1-2}$$

用 n 表示折射率，则有：

$$\frac{\sin\theta_i}{\sin\theta_t} = \frac{v_1}{v_2} = n = \sqrt{\frac{\varepsilon_2}{\varepsilon_1}} \tag{2.1-3}$$

这两个定律表明，入射角 θ_i 等于反射角 θ_r，与介质的性质无关，而折射率与分界面两边的性质有关。

2）分界面上的入射能量分配

探地雷达探测中使用的是横波的 TE 极化方向，即电场强度垂直于入射平面，而磁场平行于入射平面，这就使得电场平行于发射天线的方向，入射电场与入射面垂直。

从图 2.1-7 中可以看出入射波、反射波与折射波在界面处电场与磁场的变化关系，图中 E_i、E_r 与 E_t 分别表示入射波、反射波和折射波的电场强度幅值，它们的磁场强度分别为 $H_i = E_i/\eta_1$，$H_r = E_r/\eta_1$，$H_t = E_t/\eta_2$，其中，η_1、η_2 分别为上层和下层介质的波阻抗。可见，磁场强度和波阻抗成反比，与电场强度成正比。由电磁理论可知，电磁波在到达介质分界面时将会发生能量的再分配，这种能量分配满足能量守恒定律，即分界面两边的能量总和保持不变。

入射波能量经分界面后分解为反射波能量和折射波能量，因此入射波能量与透过界面的折射波能量之差就是反射波的能量，即有：

$$E_i + E_r = E_t \tag{2.1-4}$$

电磁波跨越介质交界面时，紧靠界面两侧的电场强度和磁场强度的切向分量分别相等，即有：

$$H_i\cos\theta_i - H_r\cos\theta_i = H_t\cos\theta_t \tag{2.1-5}$$

反射系数 R_{12} 是反射波电场强度幅值与入射波电场强度幅值的比值，即：

$$R_{12} = \frac{E_r}{E_i} \tag{2.1-6}$$

透射系数 T_{12} 指透射波电场强度幅值与入射波电场强度幅值的比值，即：

$$T_{12} = \frac{E_t}{E_i} \tag{2.1-7}$$

将其代入麦克斯韦方程组的解形式中，考虑到发射天线与接收天线离得很近，几乎是垂直入射和反射，故有 $\theta_i \approx 0°$，可得反射系数的表达式为：

$$R_{12} = \frac{\sqrt{\varepsilon_{r1}} - \sqrt{\varepsilon_{r2}}}{\sqrt{\varepsilon_{r1}} + \sqrt{\varepsilon_{r2}}} \tag{2.1-8}$$

式中：ε_{r1}，ε_{r2}——分别为脉冲声波穿过的两不同介质的介电常数。

因此，可以得出结论：反射波能量与入射波能量的分配除了与入射角有关系外，还与分界面两侧相应的介电常数的大小有关。当两个介质的介电常数相同时，反射系数为 0，不发生发射，仅有透射。

1.5.2　探地雷达波在衬砌中的传播特征

探地雷达波在隧道衬砌中的传播特征有：传播路径较复杂、传播方向性较差、在隧道衬砌中传播的雷达波的构成复杂。

1)传播路径较复杂

隧道衬砌混凝土内部结构的不均匀和衬砌缺陷,造成很多异质界面。异质界面处波阻抗程度的不同,导致探地雷达波在异质界面处发生多次的反射、折射现象,使传播路径更为复杂。

2)传播方向性较差

衬砌混凝土内部结构的不均匀性和衬砌缺陷,使探地雷达波在波阻抗发生变化的界面上被反射、折射等,这种反射、折射等现象会造成探地雷达波杂乱无章,使入射波向周围发生多次反射与折射的叠加,减弱束射的方向性;衬砌混凝土介质中颗粒几何尺寸的不一致性使得它们的固有频率是一个连续的波谱,故探地雷达波的频率经常能够引起某种颗粒的共振,使入射波束的传播方向混杂,因而减弱了束射的方向性。

3)在隧道衬砌中传播的雷达波的构成复杂

一次雷达波是指沿直线直接穿过介质传播而不发生反射、折射等现象的波,其传播距离和时间短;二次雷达波是指因发生反射、折射等现象而沿折线传播的波,其传播距离和时间都较长。引起在衬砌混凝土中传播的雷达波构成复杂的主要原因是传播路径复杂、传播方向性较差以及隧道衬砌内部结构特征造成的一次雷达波、二次雷达波的叠加,这种叠加会使雷达波形畸变、构成复杂。

1.5.3 探地雷达波在衬砌中的传播机制

通过以上对探地雷达波的特征及其在隧道衬砌中传播规律和特征的分析,可以总结出探地雷达波在隧道衬砌分界面的传播机制如下:

①电磁波的波长、波速和在分界面上的反射系数主要与介电常数有关,而与电导率关系不大。

②高频雷达波在层间传播时,与在空气中传播相比,波长缩短、波速降低、振幅衰减。导电率对雷达波的振幅衰减影响较大,限制了雷达波的探测距离。

③在两层介质的分界面上,当介质的介电常数存在差异时,才会发生反射。反射系数的大小与入射角有关。由此可见,基于反射脉冲的识别和脉冲波双程旅行时间计算的探地雷达探测深度,不仅要考虑介质的介电常数,还要考虑介质的导电率。当两层不同介质的介电常数相同时,不可能接收到这两层介质分界面的反射信号。

④虽然较高频率的天线有较高的分辨率,但会受各种损耗机制引起的较大衰减的影响,因而被限制应用在较浅的穿透深度上。

1.6 探地雷达检测衬砌质量原理

1.6.1 探地雷达原理

探地雷达的原理为:通过探地雷达设备的发射天线,将高频电磁波以脉冲的形式定向送入被检测目标体,当电磁波在传播过程中遇到钢筋、钢支撑、材质有差别的混凝土、混凝土中间的不连续面、混凝土与空气的分界面、混凝土与岩石的分界面、岩石中的断面等存在电性差异的介质分界面时,电磁波便会产生反射和折射现象,经过反射、折射后的电磁波先后由设置在探地雷达设备上的接收天线接收,通过对反射电磁波的波形、信号强度、双程走时等基本参数进行分析,即可根据分析结果来判断被探测目标体的空间位置、几何形态和电性等,进而实现对隐蔽缺陷进行质量检测的目的,以便准确掌握隧道衬砌的结构形态,从而为隧道衬砌工程质量的评定提供可靠的依据。其检测原理如图2.1-8所示。

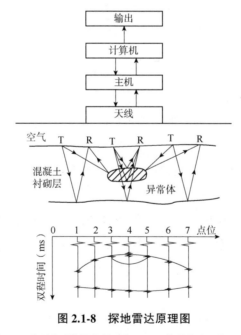

图2.1-8 探地雷达原理图

注:T、R分别表示信号发射天线(左)和信号接收天线(右)。

1.6.2 探地雷达检测衬砌质量的方法

探地雷达系统测量得到的雷达剖面图的典型特征为黑、白相间的抛物线。由雷达剖面图上抛物线顶点坐标可以确定介质分界面或缺陷到测量表面的距离。检测方法涉及脉冲波旅行时间、波在介质中的传播速度和探测深度的计算。

（1）脉冲波旅行时间 t

计算公式为：

$$t = \frac{\sqrt{4z^2 + x^2}}{v} \tag{2.1-9}$$

式中：z——目标体埋深；

$\quad\quad x$——天线收发距；

$\quad\quad v$——电磁波在介质中的传播速度。

（2）电磁波在介质中传播速度 v

计算公式为：

$$v \approx \frac{c}{\sqrt{\varepsilon_r}} \tag{2.1-10}$$

式中：c——电磁波在真空中的传播速度（0.3m/ns）；

$\quad\quad \varepsilon_r$——介质的相对介电常数。

（3）探测深度 z

计算公式为：

$$z = \frac{vt}{2} = \frac{1}{2}\frac{c}{\sqrt{\varepsilon_r}}t \tag{2.1-11}$$

式中：t——雷达记录的双程走时。

（4）反射系数的正负决定反射波振幅的正负波相

①二次衬砌表面-空气：反射波振幅为负，波幅强。由于空气的介电常数比二次衬砌的介电常数小得多，因此，反射系数为负，反射波振幅也为负，反射能力强，雷达图像中的首波能量也较强。

②二次衬砌-初期支护：反射波振幅为负，波幅弱。反射系数的正、负，取决于两层介质介电常数差异的大小。在界面处的反射能力取决于二次衬砌与初期支护介电常数差异的大小。如果差异较小，且接触致密，反射能力就弱；若二者间接触疏松，局部有空洞或不密实带存在，反射能力就强。

③初期支护-围岩：反射波振幅为负，波幅弱。反射波振幅的正、负由二者介电常数差异的大小而定。在界面处的反射能力取决于初期支护与围岩之间介电常数的差异大小。如果差异较小，且接触致密，反射能力就弱；若二者间接触疏松，局部有空洞或不密实带存在，反射能力就强。

④不密实及脱空区：反射波振幅为负。一般情况下，二次衬砌、初期支护、围岩之间很难致密接触，在界面处总会存在一些空洞或不密实带；此外，由于二次衬砌、初期支护和围岩之间的结构（如砂石成分和钢筋数量）不同，会使其介电常数存在一定差异。

因此,高频电磁波在介质分界面处总是存在一定的反射,如图 2.1-9 所示。

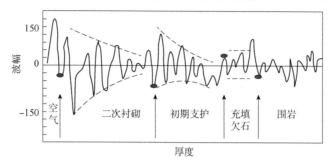

图 2.1-9 隧道衬砌的雷达反射分解图

常见工程介质的电磁参数如表 2.1-3 所示。

常见工程介质的电磁参数表

表 2.1-3

介质名称	导电率(m/s)	相对介电常数	电磁波速(m/ns)
空气	0	1	300
纯水	$10^{-4} \sim 3 \times 10^{-2}$	81	—
海水	4	81	—
淡水冰	10^{-3}	4	33
花岗岩(干燥)	10^{-8}	5	—
石灰岩(干燥)	10^{-9}	7	—
黏土(饱水)	$10^{-1} \sim 1$	$8 \sim 12$	—
雪(密实)	$10^{-6} \sim 10^{-5}$	1.4	—
干砂	$10^{-7} \sim 10^{-3}$	$4 \sim 6$	—
饱水砂	$10^{-4} \sim 10^{-2}$	30	—
饱水淤泥	$10^{-3} \sim 10^{-2}$	10	—
海水冰	$10^{-2} \sim 10^{-1}$	$4 \sim 8$	—
玄武岩(湿)	10^{-2}	8	—
花岗岩(湿)	10^{-3}	7	—
页岩(湿)	10^{-1}	7	$100 \sim 75$
砂岩(湿)	4×10^{-2}	6	—
石灰岩(湿)	2.5×10^{-2}	8	—
铜	5.8×10^{-7}	1	—
铁	10^6	1	—
冻土	$10^{-5} \sim 10^{-2}$	$4 \sim 8$	—
沥青(干燥)	$10^{-3} \sim 10^{-2}$	$2 \sim 4$	$212 \sim 150$
沥青(潮湿)	$10^{-2} \sim 10^{-1}$	$10 \sim 20$	$122 \sim 86$
混凝土(干燥)	$10^{-3} \sim 10^{-2}$	$4 \sim 10$	$150 \sim 47$
混凝土(潮湿)	$10^{-2} \sim 10^{-1}$	$10 \sim 20$	$95 \sim 67$
干砂(土壤)	1.4×10^{-4}	2.6	$212 \sim 122$
湿砂(土壤)	6.9×10^{-3}	25	$95 \sim 54$
干沃土	1.1×10^{-4}	2.5	$150 \sim 95$
湿沃土	2.1×10^{-2}	19	$95 \sim 54$
干黏土	2.7×10^{-4}	2.4	—
湿黏土	5.0×10^{-2}	15	—

本章参考文献

[1] 杨峰,彭苏萍.地质雷达探测原理与方法研究[M].北京:科学出版社,2010.

[2] 张远博,邓洪亮,高文学,等.地质雷达在采空区探测中的应用研究[J].施工技术,2014(17):112-114.

[3] 杨永杰,刘传孝,张永双,等.杨庄矿"一号陷落柱"的地质雷达探测及分析[J].中国地质灾害与防治学报,1999,10(3):83-88.

[4] 逯富强.利用探地雷达探测采矿进路围岩松动圈[J].现代矿业,2016(3):227-228.

[5] 张进华,马广玲,姚成虎,等.探地雷达在地下管线探测中的应用[J].城市勘测,2004(3):36-38.

[6] 杜良法,李先军.复杂条件下城市地下管线探测技术的应用[J].地质与勘探,2007,43(3):116-120.

[7] 何亮,张清波.探地雷达探测地下管线的地基病害[J].江苏建筑,2012(2):75-77.

[8] 徐明波.探地雷达在公路工程检测中的应用前景[J].工程与建设,2016(2):208-211.

[9] 张孝胜.浅谈探地雷达在公路检测中的应用[J].江西建材,2015(18):156-157.

[10] 储昭飞,才宝华,白明洲,等.探地雷达在铁路路基注浆效果检测中的应用[J].铁道技术监督,2013(10):23-26.

[11] 邵开胜,潘冬明,胡明顺,等.探地雷达在铁路软基水泥桩检测中的应用[J].能源技术与管理,2011(1):134-136.

[12] 冯彦谦,王银.探地雷达在铁路挡土墙质量检测中的应用[C]//中国地球物理学会第二十五届年会.2009.

[13] 刘杰.铁路路基含水状态的探地雷达检测方法研究[D].北京:中国矿业大学(北京),2015.

[14] 肖志宇.探地雷达在朔黄铁路道床状态检测与评定中的应用研究[D].石家庄:石家庄铁道大学,2019.

[15] 郭士礼,蔡建超,张学强,等.探地雷达检测桥梁隐蔽病害方法研究[J].地球物理学进展,2012(4):532-541.

[16] 潘海结.探地雷达在桥梁工程检测中的应用研究[D].重庆:重庆交通大学,2012.

[17] 陈家博.公路隧道不良地质体探地雷达图像解译分析[D].湘潭:湘潭大学,2012.

[18] 练友红.地质雷达探测武隆隧道岩溶暗河[J].矿业安全与环保,2003,30(3):49-51.

[19] 施逸忠.地质雷达原理及其在水利水电工程中的应用[J].水利水电科技进展,1996,16(1):16-20.

[20] 彭忠师.地质雷达在水利水电工程勘察中的技术应用分析[J].建材与装饰,2019(29):285-286.

[21] 杜树春.地质雷达及其在环境地质中的应用[J].物探与化探,1996,20(5):384-392.

[22] 王丹,李楠,王凯丽.探地雷达(GPR)及其在环境中的应用[J].科技信息:学术研究,2008(36):482-483.

[23] 何瑞珍,胡振琪,王金,等.利用探地雷达检测土壤质量的研究进展[J].地球物理学进展,2009,24(4):1483-1492.

[24] 赵文轲.探地雷达属性技术及其在考古调查中的应用研究[D].杭州:浙江大学,2013.

[25] 杨成林,陈宁生,施蕾蕾.探地雷达在赵子秀山滑坡裂缝探测中的应用[J].物探与化探,2008,32(2):220-224.

[26] 李英宾,张占彬,宋振涛,等.高密度电阻率法和探地雷达在北京市延庆区泥石流灾害勘查中的应用[J].矿产勘查,2020,11(4):831-836.

[27] 刘红存.探地雷达在长途野营拉练场地环境中的应用探讨[J].现代雷达,2021,43(10):105-106.

[28] 李永通.雷达探测在地基处理施工与检测中的研究及应用——以某高层建筑为例[J].工程建设与设计,2019(17):56-58.

[29] 王晏民,王国利.地面激光雷达用于大型钢结构建筑施工监测与质量检测[J].测绘通报,2013(7):39-42.

[30] 周立功,严炎兴,张惠生,等.探地雷达技术在隧道病害检测中的应用[J].施工技术,1998,27(3):15-16.

[31] 康富中,江波,贺少辉,等.地质雷达在风火山隧道病害检测中的应用与结果分析[J].工程地质学报,2010,18(6):963-970.

[32] 赵勇,李鹏飞.中国交通运输隧道发展数据统计分析[J].Engineering,2018,4(1):11-16.

[33] 安哲立,叶阳升,马伟斌,等.川藏铁路隧道建设期衬砌质量检测方法与新技术探讨[J].隧道建设(中英文),2021,41(S1):497-504.

[34] 林伟伟.冲激脉冲探地雷达数字采样接收机系统的设计[D].成都:电子科技大学,2014.

[35] 陈凡,徐天平,陈久照,等.基桩质量检测技术[M].北京:中国建筑工业出版社,2003:222-312.

[36] 张丹锋.隧道衬砌质量缺陷地质雷达探测相关问题研究[D].西安:西安建筑科技大学,2016.

[37] 范磊,程芸芸.城市隧道常见缺陷雷达图像特征研究[J].工程质量,2016(6):61-63.

[38] 徐进前.GPR在公路桥梁质量无损检测中的应用[J].工程与建设,2009(4):515-516.

第2章 地质雷达法隧道衬砌质量现场检测及资料处理

隧道衬砌质量的现场检测任务主要由测前准备工作、检测工作和测后数据处理工作三部分组成。

2.1 测前准备工作

隧道衬砌质量的测前准备工作主要包括：了解探地雷达系统的种类和组成、选用合适的探地雷达、分析隧道结构的工程特点、制作检测平台和平整检测路面。

2.1.1 探地雷达系统的种类

目前，全世界范围内探地雷达的主要生产厂家及代表性产品主要有美国 GSSI 公司的 SIR 系列雷达、加拿大 SSI 公司的 Pulse EKKO 系列雷达、意大利 IDS 公司的 RIS-IIK 系列雷达、英国 ERA 公司的 SPRscan 系列雷达、瑞典地质公司的 RAMAC/GPR 系列钻孔雷达、日本应用地质株式会社的 GEORADAR 系列雷达、拉脱维亚 Radar Systems 公司生产的 ZOND12-E 系列雷达以及中国电波传播研究所生产的 LTD 系列雷达，如图 2.2-1～图 2.2-6 所示。

图 2.2-1 SIR 雷达

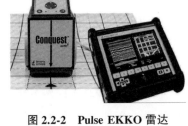
图 2.2-2 Pulse EKKO 雷达

图 2.2-3 RIS-IIK 雷达

图 2.2-4 RAMAC/GPR 雷达

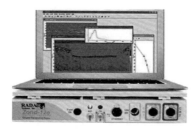

图 2.2-5　LTD 雷达

图 2.2-6　ZOND12-E 雷达

2.1.2　探地雷达系统的组成

探地雷达系统主要分为分离式采集系统和组合式采集系统。

分离式采集系统是指天线的收、发控制器(即发射机和接收机)是分开设置的,检测时应当根据需要采用不同的天线与其匹配使用,这种采集系统的优点是成本低、可随时更换主机,缺点是需要连接大量的电线,常适用于振子非屏蔽天线上。

无论是分离式采集系统,还是组合式采集系统,它们控制检测信号的流程和总体结构系统是完全一致的,都由发射天线系统、接收天线系统、控制单元系统和微机系统四部分组成。

发射天线系统触发发射天线的开关进行快速加压,从而产生高压窄脉冲电信号;将高压窄脉冲电信号作为雷达发射的控制脉冲,通过发射天线向检测目标体发射电磁波。

接收天线系统接收高频雷达反射波信号,利用高频放大器放大反射波信号,在控制单元系统的触发下通过采样头对放大后的信号进行采样保持,从而将高频信号变成低频信号,由控制单元系统进行精确采样。

控制单元系统为发射天线系统和接收天线系统提供经过精确定时的启动触发脉冲;对来自接收天线系统采样保持后的雷达反射波信号进行程控增益放大和模数转换;将得到的数字化雷达反射波信号通过计算机系统总线存放到内存中,供显示、存储、分析及处理。

计算机系统对探地雷达各子系统的工作流程进行管理、存储、显示,接收由控制单元系统采集得到的雷达数字信号,并对其进行多种方法的信号处理。

各系统之间传递信号的关系如下:

①计算机系统与控制单元系统之间通过总线传递数据,包括固定延迟参数、步进延迟参数、采样启动信号、采样数据。

②控制单元系统与发射天线系统之间通过 50Ω 同轴电缆相连,前者向后者发送负脉冲的触发信号。

③控制单元系统与接收天线系统之间通过 2 根 50Ω 同轴电缆相连,前者通过一根电缆向后者发送负脉冲的触发信号,同时通过另一根电缆把接收机采样保持数据传输到数据采

集卡上,进行模数转换。

2.1.3 选用合适的探地雷达

依据《铁路隧道衬砌质量无损检测规程》(TB 10223—2004)第4.1.2条"系统增益不低于150dB;信噪比不低于60dB;模/数转换不低于16位;信号叠加次数可选择;采样间隔一般不大于0.5ns"的要求,结合隧道检测的实际情况,选择满足上述要求的美国SIR-3000型探地雷达进行隧道衬砌质量检测。该探地雷达所用天线为地面耦合式一体化屏蔽天线,发射天线和接收天线与隧道衬砌表面密贴,沿测线滑动,由雷达主机发射高频电磁脉冲,进行快速连续采集。雷达每秒发射64个脉冲,每米测线有测点50~70个。

SIR-3000型探地雷达主要由主机、控制与显示单元和天线三部分组成,如图2.2-7所示。

图2.2-7 SIR-3000型探地雷达

主机由电源、软盘驱动器、复位开关、磁带驱动器、连接器、连接面板组成。控制与显示单元由显示器与功能控制键组成,显示器实时显示检测结果。天线包括发射天线和接收天线,是电磁波转换装置。发射天线将电信号转换为电磁波,向外辐射;接收天线接收外界反射回来的电磁波并转换为电信号。天线频率有100MHz、200MHz、400MHz、500MHz、900MHz等可供选用。

SIR-3000型探地雷达与其他探地雷达相比,有以下特点:

①采用一体化设计,坚固耐用,整机仅4kg,便于携带,是目前市场上最轻便的雷达。

②具有USB、Ethernet、RS-232等接口,还配备了独特的微型闪存装置,提供便捷、快速的数据传输方式。

③天线和主机之间使用完全屏蔽的同轴电缆传输数据,不受环境干扰。

2.1.4 隧道结构的工程特点

在对隧道衬砌质量进行检测前,为保证探地雷达有较理想的探测效果,必须对隧道结构的工程特点加以分析,确定合理的检测方法和实施方案,并做好以下准备工作:

①检测前应对检测现场进行踏勘,了解工作条件,并做好相关记录。应详细调查隧道的宽度、高度、混凝土的龄期、隧道路面的平整度;查明检测段落附近是否有对探地雷达存在影响的电磁干扰源;记录隧道中车行横洞、人行横洞、电缆位置,统计隧底积水段落,对衬砌表面潮湿或有凝结水珠的部位进行统计,记录已发病害的位置和类型。

②收集隧道工程地质资料、施工方案、设计变更资料和施工记录,了解隧道衬砌结构的设计及施工情况,明确待检测段落几何形态、电性特征等,以便选择合理的探测参数,保证能

在现场全面、高效地采集到有效数据。

③根据现场踏勘及收集到的资料,选择合适的探测方法、数据采集方式,确定测线布置,并制订合理可行的检测计划和实施方案。

④检测前做好隧道里程标记,对仪器进行全面检查,避免由人为因素造成现场采集过程中出现设备故障。

2.1.5　制作检测平台

在开展检测工作前,还需先制作简易的检测台架 1 组。以汽车或装载机为载体,在其上架设检测平台,必须保证平台的牢固和稳定,在每层作业平台上必须搭设防护栏(高度不低于 1.2m)。根据测线位置,确定检测平台高度,一般上层平台距离拱顶 1.6~1.7m,中间平台与拱脚等高,平台整体不能侵限,台架应稳固。

在进行隧道拱部各测线检测时,注意探地雷达天线与衬砌表面密贴。检测的测线并非理论上的直线,大多存在由于检测平台左右或上下摆动,造成雷达天线沿衬砌表面蛇形前进或局部脱离衬砌表面的情况。所以,检测过程中必须保证检测车平稳匀速前行,同时雷达天线密贴检测工作面,以减少晃动,使天线的走向(探地雷达测线)最大限度成为真正意义上的直线。

2.1.6　平整检测路面

在检测工作开始前,被检方应平整检测路面。路面不平整会降低雷达图像采集的质量,且在检测车行驶过程中存在安全隐患,极易发生检测台架剐蹭隧道内壁的现象。

检测车的驾驶员技术一定要过硬,避免 S 形行进,避免使雷达天线脱离隧道内壁,防止挤压雷达天线和工人。

2.2　检　测　工　作

隧道衬砌质量的检测工作主要包括确认标识、布置测线、确定参数以及实施检测四部分。

2.2.1　确认标识

当雷达天线扫过检测剖面时,主机采集到的数据是一系列连续、平滑的彩色波形图谱,而探地雷达设备不能自动地在图谱上标定出检测位置。因此,为了保证探地雷达图像上各测点的检测里程位置与实际里程位置相对应,检测前须在隧道内标记里程标识。一般是从隧道检测里程段的小里程起始处开始,每 5m 用醒目的红色油漆在隧道的边墙上打出一个"+"标识,每 10m 标注里程以供核实。检测中,当天线扫描过某标识时,通过连接在主机上"Mark"端口上的打点器打点或点击主机上的"标识"按钮,每按动一次打点器或"标识"按钮,图谱上与天线位置相对应的位置将显示一条明亮的"Mark"线,这样便能在处理数据时准确地找出图谱上各检测点对应的实际里程位置。

在检测过程中,一般认为两个标识间的距离越小,雷达图像中所存在的偏差越小,但这种理解不够全面,原因在于:在检测过程中,最小识别量值越大,打标识时技术人员操作起来就越从容,打标识引入的偏差非常小,可以忽略不计;但当最小识别量值越小,由于检测的速度非常快,检测人员在打标识时就非常急迫,很容易出现多打、漏打、早打、迟打等问题,带来明显的里程偏差,如果不进行记录,后期对里程偏差问题就很难进行修正。

2.2.2　布置测线

采用探地雷达方法进行隧道衬砌质量无损检测时,首先要针对检测对象的不同,合理布置检测测线。《铁路隧道衬砌质量无损检测规程》(TB 10223—2004)第 4.2.1 条规定,隧道施工过程中质量检测应以纵向布线为主,横向布线为辅。

隧道纵向沿水平方向共布置 5 条测线:拱顶(测线 1)、左右拱腰(测线 2 和测线 3)、左右边墙(测线 4 和测线 5),如图 2.2-8 所示;对于三车道隧道,需在隧道拱顶部位布置 2 条测线。若能沿横向搭设纵向移动的检测平台,一般情况下线距 8~12m。纵向布线宜采用连续测量的方式进行;特殊地段或条件不允许时可采用点测方式,每断面不少于 6 个测点。检测时,探地雷达天线应密贴衬砌表面。检测中,发现不合格段落时应加密测线或测点。

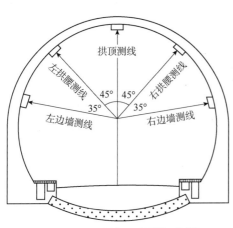

图 2.2-8　隧道衬砌质量检测测线布置示意图

横向布线时,可按检测内容和要求布设线距。对于特殊的检测位置,要进行特殊布线方能达到需要的精度。布线时还要注意周围的具体情况,应远离地面噪声源,剖面线须能提供测区内充分的细节,并使工作量最小。

对于高铁隧道,一般是在以上布线的基础上,在隧底左右两侧同时各布设一条测线,有时也可仅在其中一侧布设一条测线,这样在掌握隧道上部衬砌质量的同时,也可对隧底的施工情况有所了解。对隧底存在明显缺陷的情况,需要利用钻孔或爆破等方式做进一步的验证。

隧道仰拱及回填层检测同样以纵向布线为主,以横向布线为辅。如图 2.2-9 所示,检测时沿隧道纵向,分别在左、右两侧距隧道中心线 2m 位置处布置测线(测线 A 和测线 B),检测中发现不合格段落时可沿隧道横向增加测线,一般情况下线距宜在 6~8m。

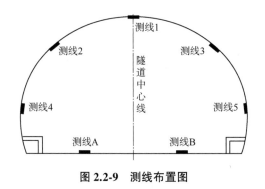

图 2.2-9　测线布置图

2.2.3　确定参数

在隧道现场采集数据时,仪器参数的设定直接会影响检测效果。因此,在隧道检测现场,要综合考虑检测环境,结合检测目的和要求来综合选取合适的采集参数。

1)天线选择

不同频率的探地雷达天线穿透能力差异较大,天线频率应根据拟探测的深度来选定。频率高的天线发射的雷达波主频高、分辨率高,但穿透距离短;频率低的天线发射的雷达波主频低、分辨率低,但穿透深度大。因此,明确探测深度非常重要。

在隧道衬砌质量检测中,隧道内可能堆放或停有施工台车台架、机械设备、钢材等铁磁性物品,因此需要采用屏蔽天线。一般隧道围岩等级为 Ⅱ~Ⅵ 级,二次衬砌厚度在 25~60cm 范围内。针对隧道衬砌的情况,主要从分辨率、穿透力和稳定性三个方面综合考量。可选用有足够的分辨率、穿透力强的 400MHz 天线。

电磁波在介质中的波长计算式为:

$$\lambda = \frac{v_{介}}{\gamma} = \frac{v}{\gamma \sqrt{\varepsilon_r}} = \frac{0.75}{\sqrt{\varepsilon_r}}m \qquad (2.2\text{-}1)$$

式中:λ——电磁波在介质中的波长;

$v_{介}$——电磁波在介质中的波速;

γ——天线频率;

ε_r——介质的相对介电常数;

m——系数。

一般情况下,使用 400MHz 屏蔽天线检测隧道的二次衬砌质量。900MHz 屏蔽天线检测隧道二次衬砌质量的效果较差(尤其当二次衬砌中布设钢筋时),不建议使用。400MHz 天线的波长约为 25~50cm,其分辨率足以检测 25~50cm 的衬砌厚度,并可达到 1.5cm 左右的探测精度,可探测深度约为 2m,因此可以比较准确地检测隧道围岩和衬砌间是否存在空洞、孔隙、不密实带(区域)并探明其位置,从而测定衬砌厚度、质量是否满足设计文件及相关要求。

根据现场调试结果,确定主要参数如下:车辆行驶速度控制在 4km/h 左右;每道包括 512 个时间采样点;400MHz 天线的时窗为 30~35ns;采用 3~5 点分段增益,由浅至深线性增益;采用连续检测方式,每 5m 打一个里程标记(对于路面平整、检测车驾驶员能保证检测车运行平稳的情况,每 10m 打一个里程标记的效果会更好)。

2) 检测时窗

检测时窗的选择主要取决于探地雷达的最大探测深度 d(单位为 m)和电磁波在目标介质中的传播速度 v(单位为 m/ns)。选择的时窗限定了电磁波在介质中传播时系统记录的双程走时,从而限定了探地雷达的探测深度。若已知探测深度和电磁波在介质中的传播速度,则采样时窗长度 W(单位 ns)可由下式来估算:

$$W = 1.3 \times \frac{2d}{v} = 1.3 \times \frac{2d\sqrt{\varepsilon_r}}{c} \tag{2.2-2}$$

式中,1.3 为系数,为考虑介质中电磁波速度与目标层深度变化所留出的余量。

但由于各检测环境的情况不同,为了保证数据质量,现场采集时选择的时窗长度往往要大于计算出的理论值。现场检测时应先预判衬砌混凝土厚度值的范围,根据仪器的特征综合选取检测时窗。以 SIR-3000 型探地雷达配合 400MHz 天线为例,检测初期支护喷射混凝土的时窗长度一般为 16~20ns;检测初期支护模筑混凝土的时窗长度一般为 20~25ns;检测二次衬砌混凝土的时窗长度一般为 30~35ns;检测仰拱混凝土的时窗长度一般为 40~50ns;但当检测目的有变动时,应调整时窗长度,如初期支护检测的重点为初期支护背后是否存在空洞或围岩松动圈的程度时,宜将时窗设置为 30~35ns。

3) 采样频率

采样频率是记录的反射波采样点之间的时间间隔。采样抽取应满足尼奎斯特采样定律,即选择的采样频率至少应大于信号频率的 2 倍。若采样频率过低,会导致采集的数据不完整,影响检测结果;采样频率过高,则会导致采集速度难以控制,影响检测效率。采样频率可设置为天线频率的 6~10 倍,为了使记录波形更加完整、可控,建议采样频率选择天线中心频率的 6 倍。当中心频率为 f_c(单位为 MHz)时,则采样间隔 Δt(单位为 ns)为:

$$\Delta t = \frac{1000}{6f_c} \tag{2.2-3}$$

采样频率要根据实际探测深度和采集样点数来综合设置,一般应满足:采样频率=样点数÷(探测深度×电磁波速度)。如果雷达波速定为0.12m/ns,假定混凝土中有0.06m的纵向间隙,主频为2GHz,则要求采样频率大于或等于4GHz,那么采样间隔应小于或等于0.25ns。

4）采样点数

采样点数表示每一道采集数据中样点的数量。若采样点数过少,则不能很好地反映深度方向的介质的电性质;若采样点数过多,则采集的速度降低,且雷达主机的处理能力也要增强,影响仪器的使用寿命。在隧道衬砌质量检测中,SIR-3000型探地雷达采样点数宜选择512。

5）测点间距

若采用点测量方式,测点间距的选择主要取决于天线的中心频率与目标介质的电性质。为保证电磁波目标介质中的反射信号在空间上不重叠,应遵循尼奎斯特采样定律,即采样间隔n_x(单位为m)为:

$$n_x = \frac{c}{4f_c \sqrt{\varepsilon_r}} = \frac{75}{f_c \sqrt{\varepsilon_r}} \tag{2.2-4}$$

若采用连续检测的方式,天线的最大移动速度取决于扫描速率、天线宽度及目标体的尺寸。在隧道质量检测中,探测的目标体为混凝土衬砌和围岩,为保证数据质量,测点间距不宜大于尼奎斯特采样间隔。

6）系统增益

由于电磁波在传播过程中的能量损耗以及不均匀介质对电磁波的吸收作用,探地雷达接收到的反射波信号一般比较微弱,且随目标体深度的增加,电磁波的衰减加快。为了补偿电磁波信号的衰减,探地雷达系统在模数转换之前采用时变增益电路对接收到的深部信号进行增益处理。SIR-3000型探地雷达主机的增益有两种设置方式,即自动增益方式、手动增益方式。

在设置增益时,应综合考虑目标体的深度和介电特性,在时窗范围内分段设置增益系数。随探测深度的增加,增益系数逐渐增大,分段设置成折线形,以增强深部信号因衰减损失的能量。在隧道衬砌质量检测中,SIR-3000型探地雷达增益点数一般为3~5点。若探测的目标体深度小于30cm,增益点数通常设置为2点;探测的目标体深度在30~100cm时,增益点数通常设置为3点;探测的目标体深度大于100cm时,增益点数通常设置为4~5点。对SIR-4000型探地雷达,增益点数可以设置为7~9点,增益值由主机自动调节,一般条件下可以满足现场需求,特殊情况下仍需手动调整。

7）叠加次数

当采用自动叠加时，将对每一道数据进行尽可能多的叠加。但叠加次数过多，会使目标体的反射信号失真。现场测试过程中，若天线移动速度快，则叠加次数减少；若天线移动速度慢，则叠加次数增多。连续检测时，应先确定好叠加次数，在保证天线以 3~5km/h 的速度匀速移动的前提下，SIR-3000 型探地雷达的叠加次数宜选择 3~10 次；当采用点测模式做深部探测时，叠加次数可选择 64 甚至更多。检测隧道衬砌混凝土厚度时，推荐使用的叠加次数为：初期支护，2~3 次；二次衬砌，6~8 次；仰拱，8~10 次。

2.2.4 实施检测

1）检测过程介绍

检测时应配备 3 名工人、1 名熟悉现场的技术人员。工人应使用安全带、安全帽、手电筒等安全防护用品。检测中工作情况如图 2.2-10~图 2.2-14 所示。

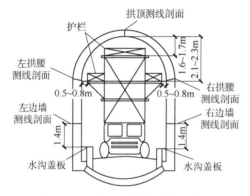

图 2.2-10 作业平台各测线示意图

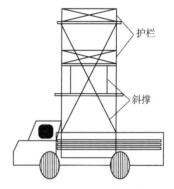

图 2.2-11 作业平台示意图

图 2.2-12 隧道拱部检测

图 2.2-13 天线密贴边墙衬砌测线

图 2.2-14　技术人员现场检测

2）雷达图像采集

在隧道现场检测过程中,雷达图像的采集质量尤为重要。如果采集的雷达图像存在失真现象,不但不能找出隧道衬砌存在的问题,甚至可能误导检测人员,把质量情况未知的段落判释为缺陷。如天线在检测过程中未能与隧道衬砌表面密贴,许多初用雷达人员易判断为脱空,造成误判,实则为所采集的雷达图像失真,未采集到该段真实的雷达图像。检测中,如果发现雷达波形首波界面起跳,表明雷达天线已脱离隧道表面,此时应提醒工人注意雷达天线密贴隧道混凝土内壁表面,避免继续采集无效雷达数据。

增益调整是否得当直接关系雷达数据采集的质量,甚至可能引进人为的异常。在隧道质量检测中,上部衬砌一般采取3点增益方式,隧底一般为5点增益方式,有时因为隧底厚度较小也采用3点增益方式。

增益调整对探地雷达操作人员来说是技术水平的试金石。初用探地雷达人员一般很难掌握这种技术,不知道3点增益中每点的增益值到底设置成多少为好。一般是从自动到手动然后回到自动,反复操作,最后回到自动,这样便可以采集到衬砌结构所固有的雷达特征波形,但某些情况下所采集的雷达图像可能失真。

不同的衬砌结构对应的增益参数不一样,虽然增益点数没有固定的数值,但是有几点原则需要掌握:

①增益值不宜过大,以免雷达图像增幅过大、出现溢出现象。如果雷达图像显示为反射太强、白色反射太多,有效信息被干扰,此时就需要降低增益值。

②增益值不宜过小,雷达图像目标层反射信号太弱、看不清,采集到的有效信息有限,此时需要适当增大增益值。

③由有钢筋衬砌段落过渡到无钢筋衬砌段落时,要适当增大增益值;反之,需要适当降低增益值。

④在自动增益模式下检测,反复调试仍无法获取更多的有效信息时,需要切换到手动模式进行增益调整。

⑤探地雷达首个增益点值默认为-20,如发现探地雷达波形首波反射较弱或非常弱的情况,应及时切换到手动模式,增大首个增益点的增益值,同时要考虑对其后波形的影响。

增益调整得适当,能采集到高质量的衬砌结构固有雷达波形,为后期的波形分析打下良好的基础。如增益调整失当或雷达天线脱离隧道内壁,采集的雷达波形失真或信噪比低等,会给后期的雷达波形图像分析工作带来干扰。因此,必须确保雷达数据采集的质量。

3)现场检测注意事项

①应根据所检测隧道横断面的变化调整台架相应的尺寸,以便工人能从容保证雷达天线密贴隧道混凝土内壁。

②现场检测时,应先预判需要探测的目标体的大小、埋深、形状等,再结合其他检测要求综合选取天线的频率。

③在检测时,应确保雷达天线与衬砌表面密贴,尤其是检测拱顶、左右拱腰测线位置时,由于现场搭设的检测平台受路况平整度及驾驶人员的影响,会产生上下、左右的晃动以及托持天线的人为操作产生的晃动,很难保证雷达天线密贴检测工作面,造成天线沿衬砌表面曲形前进或局部脱离衬砌表面,导致数据失真。

④检测天线应移动平稳、速度均匀,移动速度宜为 $3\sim5km/h$(大约 $1m/s$ 左右),如果移动速度过快、过慢或忽快忽慢,会影响测点密度。数据整理时,以 5m 为间隔,通过"距离归一化"平均处理方法来确定每米的位置,若 5m 内检测的移动速度存在差异,将会导致隧道每米的准确位置发生偏移,引入里程偏差。

⑤雷达天线未贴紧衬砌表面或一端翘起时,应立即停止该位置的检测,保存数据,并从数据异常或中断位置退后 5m 重新进行检测,使检测段落重叠,保证数据完整性。

⑥现场检测过程中应随时记录数据编号、测线位置、检测段落桩号、标识间隔以及天线类型等,随时记录可能对雷达产生电磁影响的物体或事件(如渗水、电线电缆施工作业台架、预埋管线、天线短暂脱离衬砌表面等)及其位置,同时记录测线位置处预留、预埋洞室或机电设施的名称、位置及长度范围等,以便在处理数据时加以考虑。

⑦雷达操作人员应准确标记测量位置,检测段落端头向后 1m 以上的位置是天线开始移动的位置,当天线中心经过整 5m 桩号位置时,在主机上做标记,使桩号与主机上的标记一一对应,尽量减少测量误差。由于常用的 400MHz 天线宽 40cm,现场检测时当天线前端与桩号标线重合时,检测现场报桩号人员立即发出指令,这样可保证主机上的标记与现场的桩号吻合。

⑧如果要准测定空洞范围和大小,应在预先设定的测线位置进行检测,标记大概的范

围,在该范围内前后、左右、正交、斜交的位置增设若干条短测线,然后根据多条测线检测的结果综合判定空洞的范围。

2.3　测后数据处理工作

探地雷达采集的原始数据中既含有有用信息,也包含各种干扰信号,有些情况下有用信息可能会被干扰信号所掩盖。因此,原始数据一般需要经过后期软件的处理,才能得到有助于解释的成果或图像。数据处理的目的是压制噪声,增强信号,提高数据的信噪比,以便从数据中提取速度、振幅、频率、相位等特征信息。

测后数据处理流程如图 2.2-15 所示。

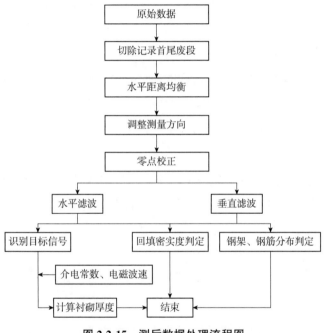

图 2.2-15　测后数据处理流程图

探地雷达测后处理工作一般分为以下三个部分:

①数据编辑。主要包括检查并修改头文件、剔除废道、数据观测方向的一致化、漂移处理等。

②常规处理。主要包括距离归一化、添加里程桩号、零点归位、深度/时间转换、增益处理、数字滤波、交互式解释等。

③高级处理。主要包括反褶积、偏移绕射处理、剖面修饰处理的相干加强,以及数字图像处理技术中的图像分割操作等。

2.3.1　数据编辑

1) 检查并修改头文件

探地雷达采集的数据传输至电脑后,应先打开数据文件检查,并修改头文件。如果在检测现场没有编写头文件,如隧道名称、检测日期、检测部位、现场探测环境、干扰源、标记间隔、扫描数、介电常数、信号位置等,在处理文件前应先录入相关信息,为后期的数据解释环节提供参考。

2) 剔除废道

在隧道检测现场采集数据时,由于检测环境相对复杂、人为操作的误差等因素,会影响检测数据的完整性。比如局部段落天线与检测面耦合性差、天线移动速度过慢、遇到障碍物时的停顿或绕行、混凝土中预埋的管线等均会影响数据的质量。在进行数据分析处理前,应剔除这些段落的扫描图像,检查并编辑标记信息,即补充漏打的标记和删除多余标记信息。

3) 数据方向观测一致化

在隧道检测现场采集数据时,为了得到准确可靠的数据,往往需要在某一测线位置或工作面处进行往返检测,导致原始数据测线的方向不一致。为了便于成图和资料的解释,必须将数据的方向一致化,也就是对数据进行掉头处理。

4) 漂移处理

有时雷达剖面上的数据会出现全是正的或全是负的或是正负半周不对称的情况,此时的数据含有直流漂移量。在进行其他的数据处理前,需要先将直流成分消除或压制,即通常所说的去直流漂移处理。

2.3.2　常规处理

1) 零点归位

现场检测时,探地雷达最先接收到的信号是介质表面直接反射的直达波,其能量较强且波形稳定,同相轴相连。处理探地雷达数据时,为了保证目标体的距离信息准确,常常要将起跳波的位置调为零点位置,即把直达波的波峰位置定为零点。以新的零点位置为起点进行时窗和深度转换就可以得出目标体到介质表面的距离,从而保证数据处理的准确性。

2) 解震荡

探测中,发射天线和接收天线一般间距较近,这就导致了探地雷达数据具有独特的震荡特征。邻近发射天线的区域中,由于静电场和感应电场的存在,区域中会产生快速衰减的低频能量场。该低频能量场往往导致接收信号中存在一个慢变的分量,使得回波信号电平随着该低频信号的起伏而起伏。该起伏现象被称为"震荡"。

3）增益调整

探测时，随着电磁信号向下传播，雷达信号的幅度往往衰减很快。与浅层目标的回波相比，深层回波信号的幅度很小。这些信号需要经过校正处理后才可能显示出来，即对快速衰减的深层回波信号进行补偿处理。在工程应用中，探地雷达信号衰减的情况变化很大，在某些低损耗探测环境中，探测深度可达数十米；而在某些高损耗环境中，探测深度甚至不到1m。探地雷达数据的读取和显示需要和当时的探测环境一致。

在隧道现场进行数据采集时，设置的系统增益不一定合理。为使异常体的反射信号与周围介质的反射信号的区别更加明显，通常在数据处理时要重新调整增益参数。

增益调整分为整体增益、自动增益和局部增益三种。数据处理时，为了强化目标体周围的信号，使用最多的是局部增益。局部增益的操作方法一般是将时窗人为地分为5段或以上，根据采集到的图像中目标体的反射范围大小和强度分别设置增益参数。随探测深度的增加，增益参数应设置得更大，使得深部目标体的反射信号更加直观明确。

运用时间增益对雷达数据进行校准的方法有多种。关键点是要基于先验的物理模型来确定时间增益函数，而不是任意选择某个函数进行增益校准，这样才可能使得人为产生的干扰信号最小。时间增益处理是非线性的，在时间增益处理之前和之后进行滤波处理，结果是不同的。

4）数字滤波

探地雷达通过激发电磁波对目标体进行探测时，通常采用全通的采集方式，采集到的雷达反射波包含有效波、杂波、干扰波，其目的是为了尽可能地保留目标体信息。在实际处理时，为了得到目标体的有效反射波的信息，就要对干扰波和杂波进行剔除，此步骤可采用数字滤波的方法进行。

数字滤波的原理是基于有效波和其他波的频谱特征不同而进行区分和隔离，尤其是杂波和干扰波在能量的吸收、波长和幅值的变化方面与有效波有所区别。后期处理时，一般采用低通滤波、高通滤波或带通滤波的方法。有时，为了更准确地保留有效波的信息，也可采用多种滤波方法相结合的方式。

RADAN软件（SIR系列探地雷达配备的处理软件）中的滤波功能有两种：FIR滤波器是有限脉冲响应滤波器，具有良好的幅频特性，并具有线性相位；IIR滤波器是无限脉冲响应滤波器，幅频特性精度比FIR滤波器更高，但是相位特征是非线性的。

2.3.3　高级处理

1）偏移绕射处理

偏移绕射处理是为了从散射数据中去除发射天线和接收天线的方向特征，进而获得探测区域的散射体分布情况。偏移绕射处理需要预知探测区域的波速分布，通常是给定一个初始波速，经过多次迭代获得优化的偏移成像结果。

在处理探地雷达数据时,常需要进行偏移绕射处理。偏移归位是利用公式将分散在各道上、来自同一绕射点的能量收拢在一起,以便将雷达波能量归位到其空间的真实位置,获取地下探测目标体真实的构造。偏移绕射处理可以使反射波归位、绕射波收敛,对消除立体的绕射、散射产生的相干噪声具有很大的作用。

偏移绕射处理技术有两类,一类是以射线理论为基础的绕射扫描叠加的偏移方法,一类是波动方程偏移方法。偏移绕射处理都是对均匀介质进行的。当介质比较均匀、速度剖面已知时,偏移绕射处理的效果就较理想;当介质在横向或总测线上变化较大时,偏移绕射处理往往会造成波形过度畸变,实用性大大降低。

2)反褶积处理

理想的探地雷达发射脉冲应是一个宽带尖脉冲,但由于天线带宽的限制,实际的发射脉冲是一个具有一定时间延续性的子波。探地雷达记录可看作是雷达子波和地下介质反射系数的褶积,而不是直接的反射系数序列。为了了解地下介质反射系数的情况,就需要去掉雷达子波的影响,这个过程就是反褶积。其作用是提高垂向分辨率、压制多次波。

3)希尔伯特变换

探地雷达对地下介质进行探测时,发射的电磁波是由不同频段分量的若干个子波构成的。雷达波穿过介质(尤其是电导率较高或是含水率较高的介质)时,传播一段距离后,各子波相互之间的相位关系发生变化,导致信号失真,即发生色散现象,相位差的梯度即为反射波的不同频率。在数据处理中,为了明确目标体的位置信息和振幅信息,常需进行希尔伯特变换处理。此变换的主要作用是显示介质中难以被雷达识别的小目标体。

希尔伯特变换有瞬时振幅、瞬时相位和瞬时频率三个基本参数。

①瞬时振幅:适于反映目标体或者地层分界面的原始能量。

②瞬时相位:与振动幅度信息相比,瞬时相位信息在判断地下界面(尤其是介电常数)变化方面更为灵敏和有效。

③瞬时频率:主要描述电磁波在地下传播过程中频率组分的变化、大地作为滤波器对电磁波的吸收作用。

本章参考文献

[1] 冯兵.探地雷达系统的优化设计[D].成都:电子科技大学,2006.

[2] 杨峰,彭苏萍.地质雷达探测原理与方法研究[M].北京:科学出版社,2010.

[3] 胡振兴.探地雷达在隧道质量检测的应用研究[D].西安:长安大学,2016.

[4] 朱兆荣,赵守全,吴红刚,等.探地雷达在铁路隧道衬砌质量无损检测中的应用研究[J].工程地球物理学报,2021,18(5):703-708.

第3章　隧道衬砌雷达波形图谱特征

探地雷达在隧道质量检测中已得到广泛应用。探地雷达在隧道质量检测中的工作很难用统一的标准进行衡量,多数仅靠检测人员的实践经验来判定。但由于检测人员技术水平参差不齐、使用的设备性能各异,检测中出现误判、漏判在所难免。探地雷达图像本身存在着有效异常和干扰异常,准确区分图像中的有效异常与干扰异常是检测工作的重点。当前,隧道无损检测领域可参照的规范较少,仅原铁道部发布了针对铁路隧道衬砌质量无损检测的规程,交通运输部、水利部等仅在施工规范或验收规范中略有提及,缺少足够的深度,仅对密实、不密实、空洞、钢架、钢筋的主要判定特征进行了描述。虽然有关隧道无损检测方面的论文已有不少,但多停留在隧道检测工作实施层面,对雷达图像的分析不够深入,很难满足隧道复杂衬砌状况下雷达图像分析工作的需要。隧道无损检测中遇到的情况往往比规范中描述的更为复杂。因此,本章对雷达图像分析方法进行深入探讨,可为雷达图像分析工作者参考。

本章结合衬砌工况、种类和缺陷,通过正演模拟雷达图谱和实测雷达图谱,比较系统地分析了各种工况下正常衬砌和缺陷衬砌的雷达图谱特征。

3.1　探地雷达图谱判释的基础

探地雷达图谱判释就是对雷达剖面进行分析、解释,择取有用的工程数据信息。在电磁波辐射范围中,所有介质发生的反射、散射等全部反射信号组成了雷达剖面图像,它包含了被探测对象中所有介质的电性分布,不能仅凭雷达剖面图上呈现的反射信息来进行分析和解释。因此,在进行探地雷达图谱判释时,还必须结合隧道施工过程记录、现场调查记录及钻孔取芯成果等资料。一般情况下,在数据处理和成果解释的过程中,以追踪反射波的同相轴为基本原则,结合反射波的波形和幅值等特征信息,综合做出反射波组的物理特征参数判定和工程评价。

3.1.1　基本假设

在进行探地雷达图谱判释时,通常做如下假设:
①探地雷达剖面上的相关反射波和波形特征由介质的电性差异引起。

②电性质差异的本质为介质的差异。可以通过雷达波形的到时和振幅等参数确定速度和介质的变化范围,进而获得不同介质或介质成分差异的结构图像。

③雷达剖面的参数(如波形、振幅、相位等)与介质的变化有关,可以通过这些参数确定介质的性质和属性的变化。

3.1.2　图谱判释要点

探地雷达图谱判释包括反射层的拾取和时间剖面的解释。对雷达剖面图像的分析解释过程,可以看作波相识别和分析的过程,要具备大量数据处理分析的经验和扎实的理论基础,通常需掌握以下三个要点:

1)反射波的振幅与方向

①反射波幅值的大小:反射波振幅越强,则可以判定反射界面两侧介质的电磁学性质差异越大。

②反射波的极性:雷达波自介电常数小的介质穿过介电常数大的介质,反射系数是负值,反射波的增幅会发生反向;同理,雷达波自介电常数大的介质穿过介电常数小的介质,即由低速介质穿过高速介质时,反射波的反向与表面波是同向的。例如在检测衬砌混凝土时,雷达波由空气进入混凝土,反射振幅反向;若混凝土后面存在空洞,则雷达接收到的反射波振幅不反向。因此,混凝土表面的反射方向与混凝土背后脱空区的反射方向正好相反。

2)反射波的频谱特征

在实际检测过程中,由于不同的介质材料、物理成分和结构特征是不同的,雷达波到达不同的介质中,其反射波的频率也是不同的,根据不同频率的特征参数可以粗略地对不同介质进行分层和筛选。用混凝土和岩层做比较,混凝土为相对均匀的介质,反射波大多呈现低频,只有内部含钢筋或空气时才会呈现异常反射;而组成岩层的成分不同,结构相对复杂,反射波大多呈现高频弱振幅反射。在探测初期支护混凝土时,可以依据混凝土和围岩不同的频谱特征来分层处理。

3)反射波同相轴形态特征

在探地雷达图谱判释中,同相轴的形态特征至关重要。在采用前两种判别标准仍无法区分时,反射波的同相轴变化状态就成了资料解释和分析最关键的标准。雷达波穿透目标体时,两种不同介质的同一连续反射界面就会形成同相轴,其连续性、时间状态、形状大小以及极性均具有很强的代表性,依此可以区别介质的材料特性和物理特性,从而准确地判读需要的目标体信息。然而,同相轴所呈现的形态与实际目标探测体的形态并非完全一致。孤立目标体反射的同相轴呈现向下开口的抛物线,平板界面目标体反射的同相轴中部呈平直线,两侧为半支下开口抛物线。

3.2 衬砌工况的种类

3.2.1 衬砌工况的影响

隧道无损检测工作主要检测二次衬砌厚度、钢筋间距、拱架间距、二次衬砌与初期支护间是否存在脱空、初期支护背后是否存在空洞。二次衬砌厚度可以通过二次衬砌追层分析来确定。钢筋由于未受到拱架、空洞反射波形的影响，也易准确判定。拱架间距及空洞判定常会因二次衬砌钢筋反射波的屏蔽作用受到影响。因此，为便于分析隧道主要组成部分的判定特征，需划分隧道衬砌工况。

钢筋对钢拱架及空洞判定的影响主要表现在以下两个方面：

（1）钢筋对脱空与空洞检测结果的影响

①在隧道二次衬砌没有布设钢筋的情况下，混凝土密实部位雷达图像信号幅度较弱，甚至没有界面反射信号；而存在空洞或脱空的部位，雷达图像明显增强，同相轴连续，三振相明显。图2.3-1为某隧道拱顶衬砌实测雷达图像，从图像中可以看出，雷达波波幅明显增强，同相轴连续，根据所处的位置判定为二次衬砌与初期支护间脱空。脱空部位极易判定。

图2.3-1　某隧道拱顶衬砌的实测雷达图像

②在隧道二次衬砌布设钢筋的情况下，由于钢筋反射波屏蔽的影响，判定结果易出现偏差，甚至出现无法判释的情况。图2.3-2为某隧道实测雷达图像，图中方框段虽然出现了较两侧稍强的反射，但从强反射的位置判定强反射不是由脱空引起，而是因为该处钢筋保护层较薄，钢筋外凸，增益加强了此处的雷达波，造成后面的反射信号较强，这种情况易被误判成

空洞。当钢筋背后存在脱空时,也会出现类似的雷达波形。因此,此类波形存在多解性,给数据分析工作带来挑战。

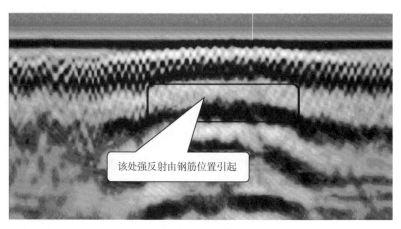

该处强反射由钢筋位置引起

图 2.3-2　某隧道衬砌的实测雷达图像

③图 2.3-3 为某隧道衬砌实测雷达图像,钢筋背后存在明显的同相轴反射,且从强反射的起始位置可以判定脱空在二次衬砌背后。由于二次衬砌背后脱空严重,造成空洞背后的初期支护反射信息被屏蔽,无法检测到有效的初期支护信息,也无法判定空洞的深度。

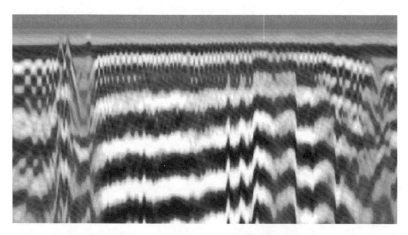

图 2.3-3　某隧道衬砌的实测雷达图像

④图 2.3-4 的脱空程度明显要低于图 2.3-3 的脱空程度。图 2.3-4 中,脱空后面的反射波较弱,脱空的三振相未形成多次反射。因此,只能定性判定空洞深度,很难定量。

(2)钢筋对钢支撑检测结果的影响

①隧道二次衬砌内未布设钢筋时,钢拱架呈现分散的月牙形强反射信号。由于未受到钢筋屏蔽的影响,拱架特征信息清晰,判定特征显著,极易判定钢拱架的相关信息,如图 2.3-5 所示。

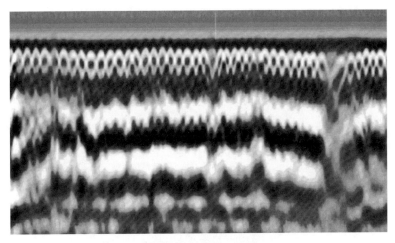

图 2.3-4　某隧道衬砌的实测雷达图像

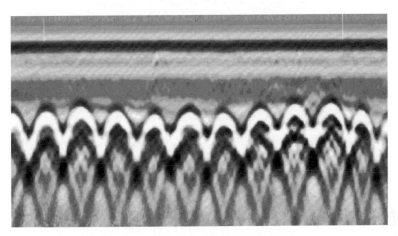

图 2.3-5　某隧道衬砌的实测雷达图像

②当隧道二次衬砌内布设有钢筋时,由于钢筋的屏蔽作用,拱架特征信息模糊,不易判定。某Ⅲ级加强支护的隧道,初期支护内有拱架,二次衬砌内无钢筋,每50m布设一长5m的加强段并在其内布设钢筋,以便挂装其他辅助装置,取其中一段进行分析。二次衬砌内无钢筋的段落,拱架信息清晰;而在加强的区域,拱架信息模糊,甚至很难辨识,如图2.3-6所示。在二次衬砌内存在钢筋的情况下,拱架信息受二次衬砌钢筋屏蔽的影响非常大,很难提供拱架的准确信息。

3.2.2　衬砌工况的分类及特征

鉴于钢筋对脱空、空洞以及钢拱架的波形特征都存在着影响,并且考虑到结合衬砌工况和衬砌缺陷,需要系统地描述各种工况下正常衬砌和缺陷衬砌的探地雷达图谱特征。因此,将隧道衬砌划分为三类工况,每类工况的划分及特征如表2.3-1所示。

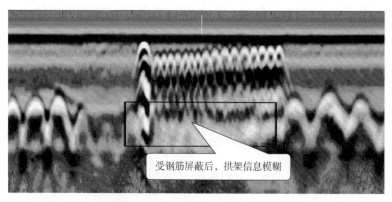

图 2.3-6　某隧道衬砌的实测雷达图像

衬砌工况的分类及特征　　　　　　　　　　　　表 2.3-1

衬砌工况种类	特征
第一种工况	①初期支护内无拱架且二次衬砌内无钢筋。 ②对应的衬砌病害主要有：不密实、脱空、空洞、衬砌厚度不足
第二种工况	①初期支护内有拱架而二次衬砌内无钢筋。 ②对应的衬砌病害主要有：不密实、脱空、空洞、衬砌厚度不足、钢拱架缺失或间距不满足要求
第三种工况	①初期支护内有拱架且二次衬砌内有钢筋。 ②对应的衬砌病害主要有：不密实、脱空、空洞、衬砌厚度不足、钢拱架缺失或间距不满足要求；钢筋缺失或间距不满足要求

3.3　三种工况的正常图谱特征

3.3.1　第一种工况的正常图谱特征

第一种工况为初期支护内无拱架且二次衬砌内无钢筋，其模型图、正演模拟图、实测图如图 2.3-7~图 2.3-9 所示。

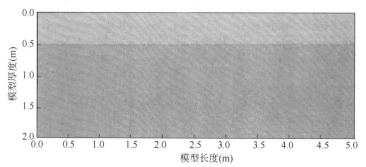

图 2.3-7　第一种工况的模型图

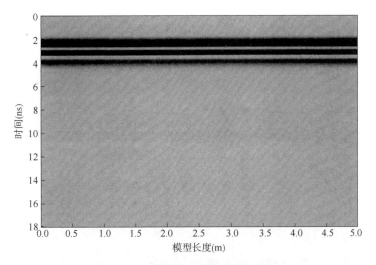

图 2.3-8 第一种工况的正演模拟图

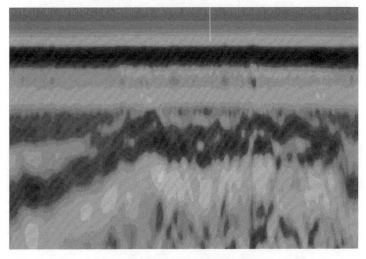

图 2.3-9 第一种工况的实测图

图谱特征:衬砌及围岩密实时,在探地雷达图像的上部,一般反射波振幅不强,同相轴相对连续的第一组波形即为初期支护界面的反射信号,信号幅度较弱,甚至没有反射信号。

由于初期支护混凝土与隧道围岩之间、二次衬砌混凝土与初期支护之间的介电常数差异不大,当衬砌与隧道围岩、二次衬砌混凝土与初期支护之间密贴、无脱空时,不会有特别强的反射信号,其在探地雷达图像中表现为振幅较弱的界面反射信号(无多次波),甚至没有界面反射信号。

3.3.2 第二种工况的正常图谱特征

第二种工况为初期支护内有拱架而二次衬砌内无钢筋,其模型图、正演模拟图、实测图如图 2.3-10~图 2.3-12 所示。

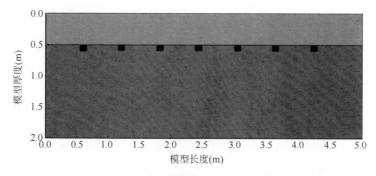

图 2.3-10　第二种工况的模型图

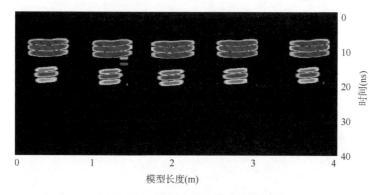

图 2.3-11　第二种工况的正演模拟图

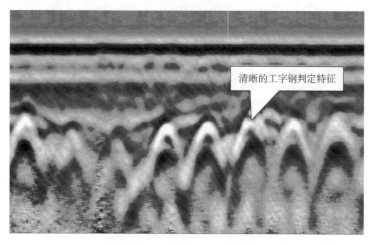

图 2.3-12　第二种工况的实测图

图谱特征:当衬砌混凝土中存在钢拱格栅时,将产生分散点状的月牙形强反射信号,每一个信号代表一榀钢拱格栅。

由于钢拱格栅与初期支护混凝土、隧道围岩、二次衬砌混凝土的介电常数差异较大,因此当探地雷达波经二次衬砌混凝土到达钢拱格栅表面时,探地雷达波会发生强烈的反射、折射,因此产生特别强的反射信号。没有了二次衬砌钢筋屏蔽作用的影响,钢拱架的判定特征一览无余,非常明显。可以利用拱架顶点的位置判定隧道二次衬砌的厚度。

3.3.3　第三种工况的正常图谱特征

第三种工况为初期支护内有拱架且二次衬砌内有钢筋,其模型图、正演模拟图、实测图如图2.3-13~图2.3-15所示。

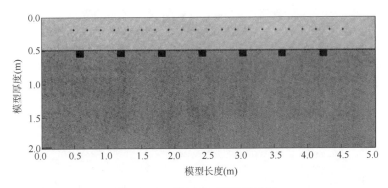

图2.3-13　第三种工况的模型图

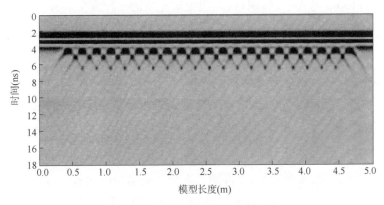

图2.3-14　第三种工况的正演模拟图

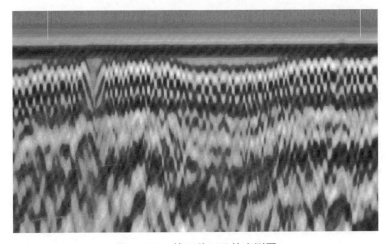

图2.3-15　第三种工况的实测图

图谱特征:当衬砌混凝土内同时存在钢支撑和钢筋网时,其图谱特征是钢筋网和钢支撑反射信号的组合。钢支撑在雷达剖面上的反射信号为分散的月牙形强反射信号,每一个反射信号表示有一榀钢拱架。二次衬砌钢筋信息丰富,初层钢筋呈连续的小双曲线形,二层钢筋在初层钢筋的影响下不易区分,可判定二次衬砌和初期支护的界面,初期支护中钢拱架位置可大致作为二层钢筋的位置所在;一些钢拱架由于受到双层钢筋的屏蔽作用影响,信号较弱,很难判定,只能从层面角度判定二次衬砌与初期支护之间的界面。

这种工况是隧道衬砌包含构件最多的工况,既有钢筋,又有钢拱架。由于钢筋是金属材料,对电磁波的影响极大,钢筋间距较小,且是双层钢筋,对其后的钢拱架信号影响极大,需要有经验的检测人员通过去伪存真手段才能很好地提取有效信息。

3.4 三种工况的空洞图谱特征

衬砌空洞是指在施工过程中或者施工完成后因操作不当、环境影响或者后期维护不到位等因素造成的衬砌内部或衬砌(围岩)之间无填充物的一种典型病害。当空洞内部混入填充物质(碎石、水、喷浆料等)或者因混凝土振捣不充分导致内部残留气泡时,则会成为不密实病害。不密实病害在多种因素的共同作用下会逐渐恶化,转为空洞病害。空洞指衬砌背后没有回填或部分回填,衬砌背后有明显不密实、空隙、空腔或空洞,包含二次衬砌背后脱空。可见不密实、空洞和脱空等是同一缺陷的不同破坏程度,其图谱特征是相似的。

当衬砌及围岩密实时,信号幅度较弱,甚至没有反射信号。不密实按程度可分为严重、中等、轻微,图像特征为衬砌界面有强反射信号,同相轴呈绕射弧形,内部反射信号杂乱,能量变化大,同相轴不连续,波形杂乱、不规则。不密实缺陷的反射波强度不如空洞,并且反射波相位紊乱。

3.4.1 第一种工况的空洞图谱特征

第一种工况为初期支护内无拱架且二次衬砌内无钢筋,实测图如图 2.3-16、图 2.3-17 所示。

图谱特征:第一种衬砌工况下,由于没有钢筋的干扰,混凝土的密实情况易判定,衬砌混凝土密实部位的雷达图像信号幅度较弱,甚至没有界面反射信号;而在空洞或脱空的部位,雷达图像信号幅度明显增强,同相轴连续,三振相明显。

图 2.3-16 中的画圈部位,雷达波波幅明显增强,同相轴不连续,根据所处的位置判定为二次衬砌与初期支护间脱空。图 2.3-17 中的左三分之一段,反射信号杂乱,能量变化大,同相轴不连续,波形杂乱、不规则,为不密实的判定特征;而右三分之一段,雷达图像反射较弱,波形较为简单,无杂波,为密实的判定特征。

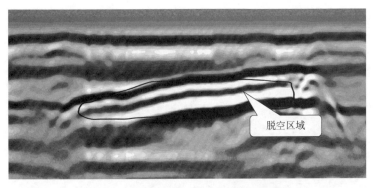

图 2.3-16　第一种工况的空洞实测图谱

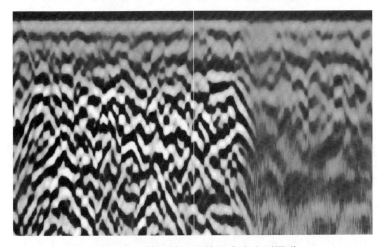

图 2.3-17　第一种工况的不密实实测图谱

3.4.2　第二种工况的空洞图谱特征

第二种工况为初期支护内有拱架而二次衬砌内无钢筋,实测图如图 2.3-18、图 2.3-19 所示。

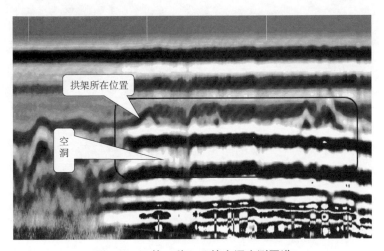

图 2.3-18　第二种工况的空洞实测图谱

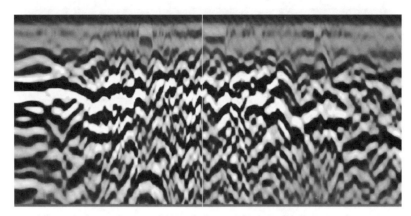

图 2.3-19　第二种工况的不密实实测图谱

第二种工况下,空洞可能出现在初期支护背后,也可能出现在二次衬砌背后,通过拱架和空洞的相对位置判定空洞所处的位置。图 2.3-18 为某隧道在第二种工况下的拱顶空洞实测雷达图像。在空洞所在区域,拱架判定特征易见,而拱架背后形成反射很强的同相轴界面,拱架判定特征会受空洞特征波形的影响。空洞反射波的起始位置在拱架判定特征之后,判定初期支护背后存在空洞,从信号反射的强弱定性判定空洞程度为严重。

3.4.3　第三种工况的空洞图谱特征

第三种工况为初期支护内有拱架且二次衬砌内有钢筋,其实测图如图 2.3-20 所示。第三种工况下,由于钢筋反射波屏蔽的影响,判定结果易出现偏差,甚至出现无法判释的情况。

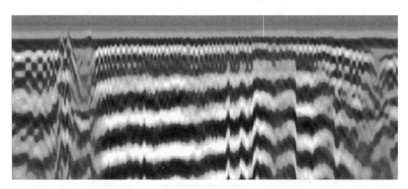

图 2.3-20　第三种工况无法判定空洞的图谱

图 2.3-20 中,钢筋背后存在明显的同相轴反射,而且从强反射的起始位置可以判定脱空在二次衬砌背后。由于二次衬砌背后脱空严重,造成空洞背后的初期支护反射信号被屏蔽,无法检测到有效的初期支护信息,也无法判定空洞的深度。

图 2.3-21 的脱空程度明显要轻于图 2.3-20 的脱空程度。图 2.3-21 中,脱空后面的反射波较弱,脱空的三振相未形成多次反射。因此只能定性判定空洞深度,很难定量。

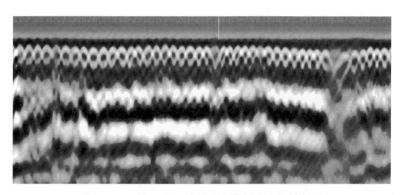

图 2.3-21　第三种工况无法定量判定空洞的图谱

图 2.3-22 为某隧道实测雷达图像,图中虽然出现了较两侧稍强的反射,但是从强反射的位置判定强反射不是由脱空引起的,而是因为该处钢筋保护层较薄,钢筋外凸,增益加强了此处的雷达波,造成后面的反射信号较强。这种情况易被误判成空洞。

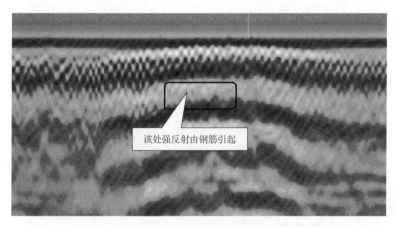

图 2.3-22　第三种工况容易误判为空洞的图谱

总结:衬砌背后脱空多发生在衬砌、防水部位及围岩,是一种常见的隧道病害,空洞的图像特征为反射信号能量强,三振相明显,反射信号的频率、振幅、相位变化异常明显,下部多次反射波明显,边界可能存在绕射现象。

当衬砌背后出现空洞时,由于空气与混凝土的介电常数差异较大,所以初期支护与围岩、二次衬砌与初期支护之间若有明显的空隙或空洞(脱空),探地雷达图谱会有明显的强反射信号,表现为衬砌界面反射信号很强,三振相特征明显。

3.5　钢拱架的图谱特征

隧道中常用的拱架有工字钢和格栅拱架,个别情况下也有用槽钢的。拱架的主要判定特征为分散的月牙形强反射信号。

3.5.1　第二种工况的拱架缺陷图谱特征

在第二种衬砌工况下,由于隧道二次衬砌内无钢筋布设,拱架的判定特征清晰可见,为此,对第二种工况下工字钢和格栅拱架判定特征的差异性、拱架特征波形受埋设深度的影响进行深入分析。

图 2.3-23 和图 2.3-24 分别为使用工字钢和格栅拱架的两隧道的实测雷达图像。由于格栅拱架与工字钢在结构上存在差异,虽然都呈现出分散的月牙形强反射信号,但工字钢整体性好,月牙形整体性好;而格栅拱架由四根钢筋拼接而成,整体性差,特征波形在保留拱架的月牙形信号的同时,又体现了格栅拱架所含构件单元的信息。

图 2.3-23　第二种工况的工字钢图谱

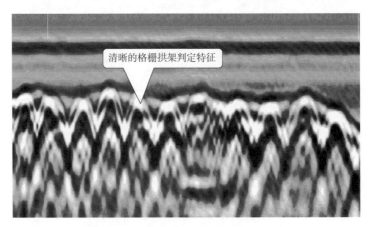

清晰的格栅拱架判定特征

图 2.3-24　第二种工况的格栅拱架图谱

3.5.2　第三种工况下拱架图谱判释

在第三种工况下,由于二次衬砌内钢筋的屏蔽作用,对初期支护内拱架的判释带来极大困难,一般情况下很难判定,但在某些特殊情况下可以捕捉到拱架的判定特征。

图 2.3-25 为某隧道实测雷达图像,该隧道主要为Ⅲ级加强支护,初期支护内有拱架,设计二次衬砌内无钢筋,但每 50m 要求布设一道 5m 长的加强段(有钢筋)供通风设施使用。取其中一段分析,二次衬砌无钢筋段落拱架信号清晰;而在加强段,拱架信号模糊,甚至很难辨识。

图 2.3-25　某隧道衬砌实测雷达图像

当二次衬砌内布有钢筋时,在一些比较特殊的情况下可以检测到清晰的拱架特征波形。如图 2.3-26 和图 2.3-27 所示,二次衬砌内布有钢筋,但拱架判定特征清晰可见,原因为:在该部位,由于拱架与钢筋间距偏大,钢筋的二次反射与拱架反射信号不重叠,对拱架特征波形的屏蔽作用大大减弱,因此可以检测到清晰的拱架判定特征。

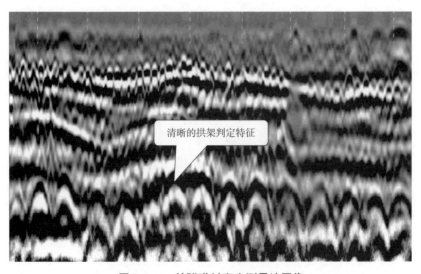

图 2.3-26　某隧道衬砌实测雷达图像

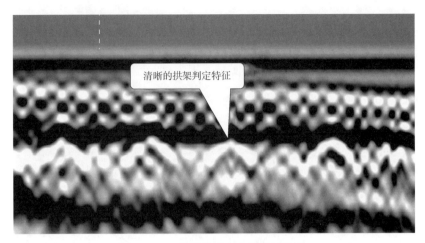

图 2.3-27 某隧道衬砌实测雷达图像

3.6 衬砌厚度判定的图谱特征

在三种工况下,对于二次衬砌厚度不足的判定方法是一样的,都是利用有效信息先找出二次衬砌与初期支护之间的界面,然后利用该界面连续追层,获得二次衬砌厚度值,利用获得的二次衬砌厚度值和设计值进行对比,判定二次衬砌厚度是否不足。

图 2.3-28 为第一种工况下二次衬砌厚度不足的实测雷达图像,从雷达图像中可知,从脱空起始反射处找到二次衬砌的界面,最薄处厚度仅为 13cm,远小于设计值(30cm)且二次衬砌背后存在脱空。

图 2.3-28 某隧道衬砌实测雷达图像

图 2.3-29 为第二种工况下二次衬砌厚度存在不足(设计值为 30cm),利用钢拱架信息可轻松获得二次衬砌界面,进而得到二次衬砌的厚度值。从图中可知,拱架定点在界线以上的

二次衬砌厚度肯定不足。

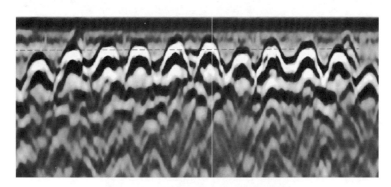

图 2.3-29　某隧道衬砌实测雷达图像

图 2.3-30 为第三种工况下二次衬砌厚度不足(设计值为 50cm)。第三种工况下,可以获取二次衬砌界面,但由于钢筋的屏蔽作用的影响,二次衬砌厚度值误差较大,可轻松获得二次衬砌界面,进而得到二次衬砌的厚度值。图中实线为二次衬砌界面线,虚线为设计值线,实线在虚线上部的段落可以判为二次衬砌厚度不足。

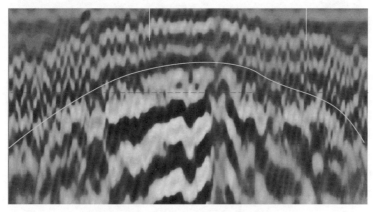

图 2.3-30　某隧道衬砌实测雷达图像

3.7　钢筋缺失的图谱特征

图谱中,钢筋和钢架的图像特征明确、易辨识,钢筋是连续的小双曲线形强反射信号,钢架是分散的月牙形强反射信号。根据经验,隧道衬砌质量问题多集中在设计间距及层数是否符合设计要求上,这关系到施工时是否存在偷工减料。

图 2.3-31 中钢筋数量明显不足,可判定该段缺少钢筋。一般情况下,钢筋设计间距为20cm 或 25cm。每 10m 应有 50 根或 40 根钢筋。利用钢筋信号统计出某段的钢筋数量,与设计值相比,可以判定钢筋是否缺少。

图 2.3-31　某隧道衬砌实测雷达图像

　　图 2.3-32 中两条白色竖线之间的段落,拱架仅 5 榀,而设计有 10 榀钢拱架,实际钢拱架数量少于设计钢拱架数量,可以判定钢拱架欠缺。

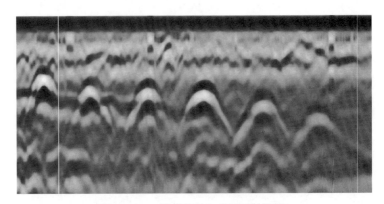

图 2.3-32　某隧道衬砌实测雷达图像

　　当二次衬砌中存在钢筋时,由于钢筋的屏蔽作用,钢拱架信息较为模糊,识别钢拱架有一定的难度,直接影响钢拱架数量统计的准确性。但在有些情况下,虽然二次衬砌存在钢筋,亦可采集到清晰的钢拱架信息,此时仍能准确判定钢拱架是否欠缺。图 2.3-33 中可以轻松识别钢拱架信息,图 2.3-34 中则极难识别出钢拱架信息。

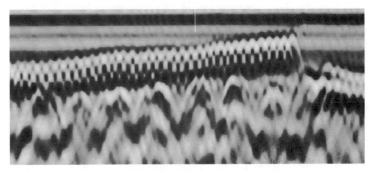

图 2.3-33　某隧道衬砌实测雷达图像

图 2.3-34　某隧道衬砌实测雷达图像

本章参考文献

[1] 吕凡.探地雷达在隧道质量检测中的应用研究[D].西安:西北大学,2007.

[2] 樊甫胜.GSSI 探地雷达在隧道衬砌检测中的解释处理研究[D].成都:成都理工大学,2012.

[3] 胡晓,陈厚德,吴宝杰.隧道衬砌质量检测中探地雷达图像特征研究[J].浙江交通职业技术学院学报,2010(1):13-16.

[4] 杨宏.钢筋对隧道无损质量检测的影响分析与探讨[J].甘肃科技纵横,2014,43(1):60-62.

[5] 孙忠辉,刘金坤,张新平,等.基于 GprMax 的隧道衬砌地质雷达检测正演模拟与实测数据分析[J].工程地球物理学报,2013,10(5):730-735.

[6] 范承余,徐干成,邹正明.地质雷达技术在铜黄高速公路隧道质量检测中的应用[J].铁道建筑技术,2008(3):48-51.

[7] 崔广炎.隧道衬砌典型病害无损检测辨识方法研究[D].北京:北京交通大学,2019.

[8] 范磊,程芸芸.城市隧道常见缺陷雷达图像特征研究[J].工程质量,2016(6):61-63.

[9] 赵常要,邓新生.隧道质量无损检测中雷达波形分析与探讨[J].铁道标准设计,2014(12):109-112.

[10] 赵守全,朱兆荣.超前地质预报技术在断层破碎带中的综合应用[J].山西建筑,2016,42(11):180-183.

[11] 马为功,石玉霞,窦顺.隧道衬砌检测判识标准及缺陷处理措施研究[J].铁道标准设计,2019,63(1):1-5.

第4章 里程偏差修正及厚度处理技术优化

4.1 里程偏差原因分析及修正措施

针对隧道检测中存在的里程偏差问题进行分析,分析产生里程偏差的各种因素,并推导出相应的修正方法,有效地解决里程偏差问题。

4.1.1 里程偏差原因

造成里程偏差的原因主要包括天线的走行速度不一致、打标不及时或过早。

1）天线的走行速度不一致

使用探地雷达检测隧道质量过程中,要求天线的行走速度保持一致。但在实际中,由于各种原因很难保证天线的行走速度保持一致或近似一致。采集的雷达数据经距离归一化处理后,深度值对应的数据采集里程位置和实际里程位置存在偏差,随天线行走速度的变化而变化。在雷达天线行走较快的地方,里程距离被拉大;在雷达天线行走较慢的地方,里程距离被缩小。这造成测试里程位置与实际里程位置不对应,降低雷达检测结果的可信度。

2）打标不及时或过早

当检测人员打标不及时或过早,用户标记与实际标记不对应,直接引起测试里程位置和实际里程位置的不对应,使得存在衬砌质量问题区域的里程显示位置和实际位置存在出入,给后续处理带来麻烦。尤其是对于长大隧道,这一因素的影响将更加凸显,因此必须采取有效方法进行修正。本研究率先提出了建立数学模型和关系模型,制订纠正里程偏差的措施,有效提高衬砌缺陷位置判断的准确性。

4.1.2 里程偏差修正的数学模型

1）由行车速度引起的偏差的数学模型

针对由行车速度不一致引起里程偏差的问题,建立测试里程与实际里程的对应关系模型。一般情况下,两相邻标记的间距为 5m,假定某一标记区的起、止桩号分别为 a、b,记作 $[a,b]$,l 为行走距离,每个里程桩号对应的天线行走速度 v 值关于该点的里程值的函数可记作:

$$v = v(l) \tag{2.4-1}$$

在某一标记区,从标记起始位置到天线行走的任一位置 x 所需的时间 t 为:

$$t = \int_a^x \frac{1}{v(x)} \mathrm{d}x \tag{2.4-2}$$

天线单位时间发射的扫描道数为固定值,假定为 s,则在某一标记区从标记起始位置到天线行走的任一位置的扫描道数 S 为:

$$S = s \times t = s \times \int_a^x \frac{1}{v(x)} \mathrm{d}x \tag{2.4-3}$$

天线行走通过 $[a,b]$ 所需的时间为 T,则有:

$$T = \int_a^b \frac{1}{v(x)} \mathrm{d}x \tag{2.4-4}$$

为固定值,可以用计时装置测出。

$[a,b]$ 里程段内雷达扫描的总道数为 Z,里程段长度记作 $c,c=a-b$。经距离归一化后,实际里程 l 对应的测试里程 l' 为:

$$l' = a + \frac{t}{T}(b-a) = a + \frac{\int_a^x \dfrac{1}{v(x)} \mathrm{d}x}{\int_a^b \dfrac{1}{v(x)} \mathrm{d}x} \times (b-a) \tag{2.4-5}$$

2)由标记引起的偏差的数学模型

某一标记区的起、止桩号分别为 a、b,记作 $[a,b]$,实际打标记对应的里程位置分别在 a'、b',即打标记时出现偏差。假定天线行走速度是一致的,则有:

$$a' = a + l_1 \tag{2.4-6}$$

$$b' = b + l_2 \tag{2.4-7}$$

式中: l_1, l_2——已知值。

由于天线行走速度是一致的,单位长度雷达扫描的道数是定值,则测点在测试里程段和实际里程段的位置成比例关系,易得实际里程 l 与测试里程 l' 之间的关系为:

$$l' = a + \frac{l-a'}{b'-a'} \times (b-a) \tag{2.4-8}$$

得出测试里程 l' 与实际里程 l 之间的关系为:

$$l' = a + \frac{\int_{a'}^l \dfrac{1}{v(x)} \mathrm{d}x}{\int_{a'}^{b'} \dfrac{1}{v(x)} \mathrm{d}x} \times (b-a) \tag{2.4-9}$$

4.1.3　里程偏差修正措施

根据所推导的模型可知，天线行走的速度是未知的变量，与时间有关系，只要获取行程 l、时间 t、速度 v 三者的对应关系，便可以建立测试里程和实际里程的对应关系，对里程偏差进行修正，使雷达检测数据回归真实，提高检测结果的可信度。行程 l、时间 t、速度 v 的关系可以通过在天线上加一个具有储存能力的计时测速装置来获取（或使用秒表），并利用计算方法建立测试里程和实际里程的对应关系。

当然，在隧道质量检测中进行里程偏差修正会增加很多的工作量，而一般情况下这些误差都在可控的范围内，对检测结果的影响不大。如衬砌质量良好（衬砌厚度明显满足设计要求，且无不密实现象存在）的段落，即使里程位置存在一定的偏差，对检测结果和检测结论均无影响，也就是说没有进行里程偏差修正的必要。但对于存在明显厚度不足或不密实现象的段落，如果存在里程偏差问题，一定要进行修正。在检测现场，可以用秒表或其他计时装备来完成现场缺陷位置的定位计时和前后标记的定位计时，在处理数据时即可对里程偏差进行修正。

4.1.4　里程偏差修正实例

在隧道检测中，探地雷达对里程位置精度的要求较低，一般分米级精度即可满足工程要求。前文推导的公式过于复杂，计算量非常大，适用于理论分析，在隧道检测中普及应用较为困难。针对这种情况，可以多打标记，在两标记之间采用直线插值方法确定缺陷位置所对应的实际里程位置，在开窗验证中发现里程位置无较大出入，能有效解决工程检测中的里程偏差问题。

在某隧道质量检测中，发现 DYK157+465~DYK157+472 段二次衬砌厚度不足，于是用修正方法对 DYK157+450~DYK157+490 段里程进行修正，修正后 DYK157+465~DYK157+472 段对应的实际里程为 DYK157+466~DYK157+471。对 DYK157+465~DYK157+475 段进行了破坏验证，发现衬砌厚度不足对应的里程位置与修正后的里程相符。

针对在隧道质量检测中由于探地雷达天线行走速度不一或检测人员打标记不及时产生的里程偏差，建立检测里程与实际里程之间关系的数学模型，利用该模型对检测里程进行修正，可使检测结果回归真实的里程。该方法对缺陷位置的准确定位非常有效，但对所有检测里程段进行修正，工作量大，导致这一方法很难普及，需要在今后做进一步的研究。

4.2　厚度值提取技术的优化

4.2.1　传统提取技术

对于由劳雷公司 RADAN 6.5 以下版本(含 RADAN 6.5)生成的层厚度数据文件(.LAY格式)的处理,通常步骤如下:

①点击 Excel 菜单栏"导入外部数据"→"导入数据…",弹出对话框,进入"我的数据源"文件夹,如图 2.4-1 所示。

②进入待处理厚度数据文件所在的文件夹,选择待处理文件。

③进入文本导入向导,利用该向导,分 3 个步骤,把层厚度信息导入 Excel。

④删除已导入 Excel 的数据的多余部分。

⑤利用 mod 函数对测点进行求余计算。

⑥利用筛选功能,筛选每个整里程测点对应的厚度值。

⑦对厚度值进行单位转换。

⑧选定这些厚度值,复制并粘贴到成果图绘制区域的数据源区。

图 2.4-1　Excel 导入外部数据默认目录

4.2.2　提出新技术的必要性

探地雷达作为一种新兴的物探仪器,其以高效、快捷、准确、可靠、无损等优势在铁路、公路、水利等领域的隧道工程质量检测中得到了广泛应用,已成为隧道建设中质量把控和隧道贯通后质量验收的重要手段和必选项目。在隧道检测中,探地雷达主要用于对二次衬砌的厚度、衬砌的密实性、钢筋和拱架的布设情况进行检测。其中,二次衬砌厚度检测是把每个检测部位的每个里程点对应的衬砌厚度值提取出来,参照隧道设计值来确定实际施工衬砌厚度是否满足要求。劳雷公司生产的探地雷达具有信号分辨率高、天线穿透力强、抗环境干扰能力强等突出优点,因而劳雷公司成为世界上市场份额最大的探地雷达生产厂家,其生产的探地雷达也成为隧道质量检测中的首选设备。

对于劳雷公司 RADAN 6.5 以下版本(含 RADAN 6.5)生成的层厚度数据文件,一般在 Excel 中对探地雷达追层后的层厚度数据文件进行一系列的处理,提取各个里程点对应的厚度值。这项工作看似简单,但每一个层厚度数据文件都需要 8 个操作步骤才能完成层厚度值的提取工作,该工作单调、乏味、工作量大。当隧道检测工程量大、文件多、数据量大时,处理起来更加费工费时。对于 1km 长、有 5 条测线的隧道,一般每 200～300m 采集一个文件。设定每 250m 采集一次,那就需要采集 20 个数据文件,这 20 个数据文件生成 20 个层厚度数据文件,对一个层厚度文件需要 8 个操作步骤才能完成数据处理工作,那么需要 160 个操作步骤才能完成 1km 长隧道的厚度数据提取工作。这需要花费很长的时间,且在长时间的数据处理过程中容易出现鼠标点击错误、输入错误等误操作,影响工作效率。

针对这一问题,本书提出了新的思路,研究利用 Excel VBA 的强大功能开发特定的宏程序,设计和编制了探地雷达层厚度值工具软件。通过该程序自动完成探地雷达层厚度值的提取工作,可以轻松实现待处理层厚度数据文件的自由选择,自动完成层厚度数据处理的中间过程,大幅度提高了工作效率,避免了人为误操作。该软件简单实用,可操作性强,相对于传统的层厚度数据处理方法,具有相当高的效率优势,使层厚度值提取技术实现了质的飞跃。对于其他雷达厂家的层厚度数据文件,只需对源程序做小幅修改,亦可实现一键化提取,具有很强的拓展性。

4.2.3　新提取技术

制作提取层厚度数据的处理软件,要做好功能设计,找到实现这些功能所存在的难点,找出解决这些难点的思路、方法。

1)功能设计

数据文件处理软件要具有文件自由选取功能、外部数据导入功能、数据中间处理功能。

文件自由选取功能是指执行宏后可以自由选取要处理的层厚度数据文件,且将非层厚度数据文件排除在外。

外部数据导入功能是指把选定的层厚度数据文件导入 Excel 中。

数据中间处理功能是指对导入的层厚度数据要具有多余数据的删除、整里程点数据的筛选、单位换算、厚度值复制等功能。

以上功能都需要在运行宏后一键自动完成。

2）制作难点

通过录制宏生成的 VBA 程序不能通用,因为在点击执行宏后只能处理上次处理的文件,而且执行过程中会出现一定的错误。原因在于 With ActiveSheet.QueryTables.Add( )语句中参数对应的文件名和文件路径为定量,不是变量,无法实现自由选取待处理层厚度数据文件的功能。因此,如何实现自由选取待处理层厚度数据文件并自动导入 Excel,是宏制作的难点,也是重中之重。

3）解决思路

要实现文件的自由选择,必须弹出可选择文件的对话框,而 ActiveSheet.QueryTables.Add( )只能实现将外部数据导入 Excel,自身无法实现弹出对话框后选择文件功能。利用 FilePath = Application.GetOpenFilename("Files(*.lay) , *.lay")语句,打开一个文件并获取该文件的路径和文件名,然后用变量传递到 With Active Sheet.QueryTables.Add(Connection: = "TEXT;" & Mydir & MyName,estination: = Range("A1"))语句中,这就相当于给 ActiveSheet.QueryTables.Add( )增加了自由选择文件的功能。

下面给出实现这一功能的部分核心程序。

```
Sub 雷达厚度数据提取宏( )
Dim Mydir,MyName As String
Dim FilePath,FileName,ub
Dim i,num As Integer
FilePath = Application.GetOpenFilename( " files ( *.lay) , *.lay" )
If FilePath < > "False" Then
ub = UBound( Split( FilePath," \" ) )
FileName = Split( FilePath," \" ) ( ub)
FilePath = Left( FilePath,Len( FilePath) -Len( FileName) )
' MsgBox "FilePath:" & FilePath & vbCrLf & "FileName:" & FileName
        Mydir = FilePath
        MyName = FileName
End If
With ActiveSheet.QueryTables.Add( Connection: = "TEXT;" & Mydir & MyName,Destina-
tion: = Range( "A1" ) )
    ……
```

在上面的程序中,首先利用 Application.GetOpenFilename( )实现了文件的自由选取功能,通过 FilePath、FileName 两个变量把待处理层厚度数据文件的文件路径和文件名传递到 ActiveSheet.QueryTables.Add( )中,然后利用 ActiveSheet.QueryTables.Add( )实现了自由选取待处理文件的功能。

随后,在 Excel 中对已导入的数据进行常规处理,具体程序如下(仅给出核心程序):

```
Rows("1:12").Select
Selection.Delete Shift:=xlUp
REM 删除多余数据
Range("E1").Select
ActiveCell.FormulaR1C1 = "=MOD(C[-3],70)"
REM 求余计算
Selection.AutoFilter Field:=1,Criteria1:="0"
REM 筛选出整里程
Range("F1").Select
ActiveCell.FormulaR1C1="=RC[-2]*100"
REM 单位转换
Range("f1").Resize(num,1).Select
Selection.Copy
```

选定各里程点的厚度值,并完成复制操作。

4.2.4 新提取技术实用性分析

1)省去更改文件夹环节

在传统的层厚度值提取过程中,每次都要进行第 4.2.1 节所述的 8 个步骤,这需要花费一定的时间,尤其是有大量的层厚度数据文件要处理时,花费的时间更长。数据处理软件(图 2.4-2)改变了这一状况,它只需完成第一个文件夹的调整工作,后面待处理的层厚度数据文件就会被自动读取,不需要再进行调整,省去了更改文件夹这一过程。

2)中间过程后台化

相对于传统的数据处理方法,新提取技术省去了中间处理过程的人为手动操作,并将这些操作后台化,只需点击“执行”按钮,选取要处理的层厚度数据文件,便自动执行所有操作,完成厚度值的复制操作,只需将这些厚度值粘贴到成果图绘制区域的数据源区即可,如图 2.4-3 所示。通过对比试验发现,该技术处理数据的速度是传统方法处理速度的 30 倍以上。

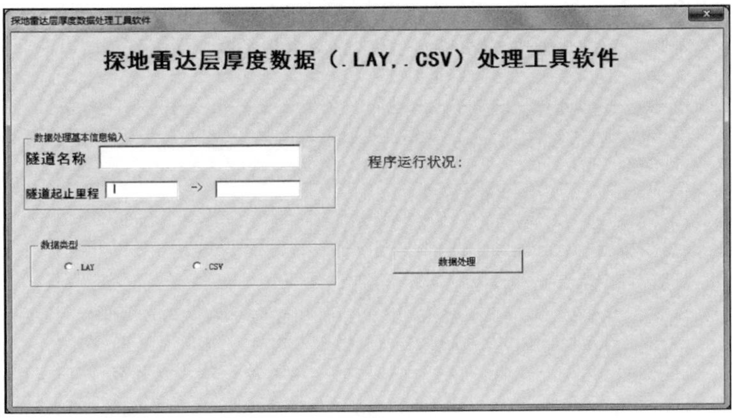

图 2.4-2　界面

	A	B	C	D	E	F	G
1	关山隧道DK74+630--DK74+70	0	74630	0.607		60.7	
71	关山隧道DK74+630--DK74+70	70	74631	0.603	0	60.3	
141	关山隧道DK74+630--DK74+70	140	74632	0.631	0	63.1	
211	关山隧道DK74+630--DK74+70	210	74633	0.676	0	67.6	
281	关山隧道DK74+630--DK74+70	280	74634	0.603	0	60.3	
351	关山隧道DK74+630--DK74+70	350	74635	0.615	0	61.5	
421	关山隧道DK74+630--DK74+70	420	74636	0.611	0	61.1	
491	关山隧道DK74+630--DK74+70	490	74637	0.619	0	61.9	
561	关山隧道DK74+630--DK74+70	560	74638	0.591	0	59.1	
631	关山隧道DK74+630--DK74+70	630	74639	0.514	0	51.4	
701	关山隧道DK74+630--DK74+70	700	74640	0.566	0	56.6	
771	关山隧道DK74+630--DK74+70	770	74641	0.55	0	55	
841	关山隧道DK74+630--DK74+70	840	74642	0.534	0	53.4	
911	关山隧道DK74+630--DK74+70	910	74643	0.558	0	55.8	
981	关山隧道DK74+630--DK74+70	980	74644	0.534	0	53.4	
1051	关山隧道DK74+630--DK74+70	1050	74645	0.554	0	55.4	

图 2.4-3　宏执行结束后成果示意图

3) 适应性强

在常规的办公软件 Excel 中即可使用，无须安装别的软件，而且宏文件自身非常小，对计算机运行速度的影响完全可以忽略不计，因此该技术有较强的适应性和通用性。

4) 准确度高

由于中间过程后台化，大幅减少了人为操作，由此避免了人为误操作。

4.3　厚度曲线制图技术的优化

4.3.1　常规绘图方法

常规绘图方法是将某个隧道某个里程段的厚度数据信息（含里程及其各个检测部位对应的厚度值）通过 Excel 转化为图表，具体步骤如下：

①利用 Excel 的绘图工具把第一个 100m 里程段各个检测部位(一般是拱顶、左右拱腰、左右边墙共 5 个检测部位)的数据(图 2.4-4)分别绘制成图表,并将它们组成第一组图表。

	A	B	C	D	E	F	G
1	里程	设计值	拱顶	左拱腰	右拱腰	左边墙	右边墙
2	11550	40	42.2	42.2	41.3	41.6	45.0
3	11551	40	42.5	41.2	43.1	44.0	42.5
4	11552	40	43.6	43.0	42.2	43.9	40.2
5	11553	40	44.0	41.6	42.1	42.9	41.8
6	11554	40	40.9	40.7	43.0	42.0	44.8
7	11555	40	42.7	43.6	43.6	44.1	45.0
8	11556	40	42.2	40.2	44.8	41.5	43.9
9	11557	40	41.2	43.2	44.7	44.2	43.4
10	11558	40	41.6	42.1	41.2	43.5	43.9

图 2.4-4　数据源数据格式示意图

②对第一组图表进行复制粘贴,生成第二组图表,并在第二组图表上进行坐标轴范围修改,主要是修改 x 轴的起始坐标,使其成为第二个 100m 里程段对应的第二组图表,即完成了第二个 100m 里程段对应成果的绘制工作。

③按步骤②的操作方法,依次生成第三组图表、第四组图表……直至完成数据源中所有数据的绘制工作。

以上工作看似简单,但是要不停地复制粘贴,修改 x 轴的里程坐标值、图表的表头信息等,效率低下,非常枯燥、乏味,而且容易出现误操作。

4.3.2　提出新方法的必要性

探地雷达作为一种新兴的物探设备,以高效、快捷、准确、可靠、无损等优势在铁路、公路、水利等领域的隧道工程质量检测中得到了广泛应用,已成为隧道建设中质量把控和隧道贯通后质量验收的重要手段和必选项目。在隧道检测中,探地雷达主要用于对二次衬砌的厚度、衬砌背后是否脱空或密实、钢筋和拱架的布设情况进行检测。其中,二次衬砌厚度检测需要把每个里程点的每个检测部位对应的衬砌厚度值提取出来,然后把这些厚度数据绘制成衬砌厚度曲线图,利用图表简洁明了的特点,对施工衬砌厚度是否满足要求设计要求进行判定。

检测人员在隧道工程质量检测中,常需将每个里程段内拱顶、左拱腰、右拱腰、左边墙、右边墙(一般情况下在以上 5 个部位布置测线)的各个检测部位所测的二次衬砌厚度值绘制成二次衬砌剖面图。为了取得较好的观察效果,常将每 100m 里程段各个检测部位的二次衬砌厚度绘制成一组图表,每个检测部位的图表只是这组图表中的一个,每 3 个图表放在一页内,每 100m 的 5 个检测部位共需要 2 页。对于长大隧道,要绘制更多组图表。如一座 5km

的特长隧道,需要绘制 100 页图表,虽然在 Excel 中利用数据源绘制图表属于常规操作,技术上没什么难度,但绘制图表工作量浩大,完成全部工作需要大量的时间,而且很多情况下,一个工程需要进行多次检测,绘图工作量成倍增加。

针对上述问题,需要提出一种新的方法来改进传统的成果图绘制方式。本书利用 Excel VBA 的宏能完成具有重复性的工作的特点,编制特定的绘图宏文件(简称"绘图宏"),通过执行宏文件来实现探地雷达成果图一键化绘制工作,并利用 Excel VBA 设计并编制了层厚度曲线绘图软件。通过运行该软件,可轻松实现绘图中间过程的后台化,层厚度曲线绘图工作一键化、自动化,从而避免绘图过程中的人为误操作。和传统绘图方式相比,绘图效率有大幅度提升,效率高、省事、省力。

4.3.3　新制图方法

制作探地雷达厚度成果图绘制软件,需要做好软件的功能设计,找到实现这些功能所面临的难点,并解决这些难点,给出总的思路和方法,完成宏的制作。

1)功能设计

绘图宏要具有 5 大功能,即更改图表信息功能、数据源绘图完毕的识别功能、成果图的有序排列功能、成果图文件自动生成和自动命名功能、一键化操作功能。

更改图表信息功能应实现根据隧道名称、检测日期、施工单位等相关信息,在运行宏后自动修改图表信息,在数据单元表中的图表信息发生更改后,运行宏后图表的信息也随之更新。

数据源绘图完毕的识别功能是指当数据源中所有数据都转换成了对应的图表信息,即宣告成果图绘制工作结束,不能无休止地一直运行下去。

成果图的有序排列功能,要求所生成的成果图表按照里程值以 100m 递增,这样才能保证成果图的有序性。因为 Excel 中的图表编号在绘图过程中会发生变化,如果处理不好,成果图将呈现无序性。

成果图文件自动生成和自动命名功能,即产生的成果图要存储在新的文件里,避免每次运行宏产生的成果图之间相互干扰,便于管理成果图。

具备了以上 4 点功能,应用绘图宏才会得心应手,而且可以对产生的成果图文件进行有效管理,大大降低劳动强度,提高工作效率。

2)制作难点

①通过录制宏生成的 VBA 程序不能通用,因为在点击"执行宏"后只能处理上次处理的文件,而且执行过程中会出现一定的错误,图片的编号发生了改变,无法对生成的成果图进行准确定位,在复制粘贴过程中,第一组图中图片的编号是不连续的,它的起始编号是 1,终

止编号为 n，然后第二组图的编号就从 $n+1$ 开始不断增加（n 为一组图中图片的个数），这些都给绘图工作带来很大困难。

②要一键化完成数据源全部数据的绘图工作，必须在绘制图表过程中对数据源中的里程范围进行判断，来判定何时完成了全部绘图工作，并跳出宏绘图循环。

③成果图的自动命名问题，存储成果图的目录下有可能存在同名文件，会造成宏运行过程中出现意外终止现象。

3）功能实现

对于图表信息更改功能，可采用赋值语句实现。在 Sheet1 中 I 列和 J 列的对应位置输入新的图表信息，如图 2.4-5 所示，利用赋值语句将这些信息传递到图表当中。其中，比较有难度的是图表中的表头信息，如"××隧道拱顶二次衬砌厚度剖面图"，可以通过"变量+文本"结合的形式来实现。"××隧道"为从 Sheet1 传递来的变量部分，而"拱顶二次衬砌厚度剖面图"为文本部分，具体实现语句为：Selection.Characters. Text = Worksheets（"Sheet1"）.Range（"j2"）& "拱顶二次衬砌厚度剖面图"。对于其他部位，采用类似的操作即可完成。

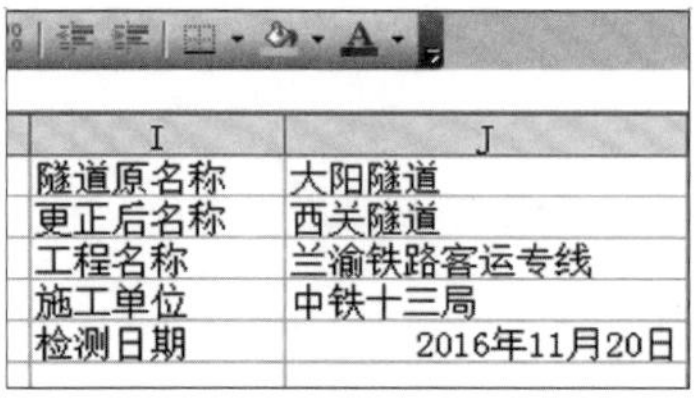

I	J
隧道原名称	大阳隧道
更正后名称	西关隧道
工程名称	兰渝铁路客运专线
施工单位	中铁十三局
检测日期	2016年11月20日

图 2.4-5　图表更新信息示意图

识别是否完成全部数据源的绘图工作的方法是：利用数据源中的起讫里程计算出需要绘制图表的总组数，并用这一数值控制绘图循环的次数。

```
Min = Worksheets（"sheet1"）.Range（"a2"）
i = Worksheets（"sheet1"）.Range（"a5000"）-End（xlUp）.Row
   Max = Worksheets（"sheet1"）.Range（"a" & i）
   w = （Max-Min）/100#
num = application.WorksheetFunction.-RoundUp（w,0）
```

程序中：Min 为起点里程；Max 为终点里程；num 为需要绘制的成果图总组数。

通过对第一组图不断地进行复制、粘贴、修改，完成从起始里程到终止里程的全部绘图工作，每执行一次复制、粘贴、修改功能便产生一组新的图表，如图 2.4-6 所示。

在完成全部复制、粘贴、修改循环后，对第一组图再进行一次复制、粘贴，然后删除第一组图，即可完成全部成果图的绘制工作。这时，成果图都是按照里程顺序有序排列的，达到了绘图目的。

对于成果图的自动命名功能，利用 Set MyFile = CreateObject（"Scripting.FileSystemObject"）语句将 Sheet2 中的成果图复制至新的 Excel 文件中，利用 Sheet1 中的隧道名称命名该成果文件。在存储目录下面可能存在同名文件，可采用以下语句解决这一问题：

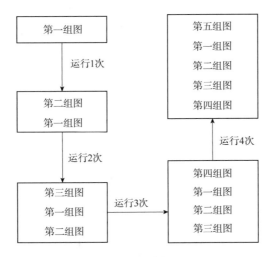

图 2.4-6　组图生成过程示意图

```
youfile = Worksheets ( 1 ) . Range ( " j2 " )
Do If MyFile.FileExists ( " E : \ " & youfile & " .xls" ) = -True Then
        youfile = youfile & " 1 "
Else
        Exit Do
End If Loop
ActiveWorkbook.SaveAs Filename : = " E : \ " &-youfile & " .xls"
```

运行过程为：如果有同名文件，则在该文件名后面+1，再次判定是否有同名文件，如果还有同名文件，继续在新生成的文件名后面再+1，直至没有同名文件，将此时的文件名赋给新生成的成果图文件。

以上所有功能都是一键后台完成的，总流程图如图 2.4-7 所示。

4.3.4　新制图方法的优越性

1）中间过程后台化

相对于传统的成果图绘制方式，绘图宏省去了中间绘图环节的人为操作，并将这些操作后台化，如图 2.4-8 所示，只需点击"执行"按钮，宏便自动运行，完成图表信息的更新，不断生成第一组图、第二组图……，直至完成所有数据的绘图工作。通过对比传统绘图方式和宏绘图方式，发现宏绘图方式的速度是传统绘图方式速度的 30 倍以上，效率高，非常适合大规模的绘图工作。

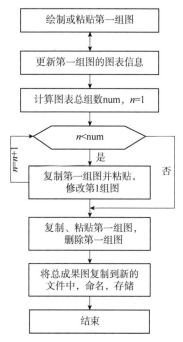

图 2.4-7　运行总流程图

图 2.4-8　宏执行操作示意图

2）适应性强

在常规的办公软件 Excel 中即可使用绘图宏，无须安装别的软件，而且宏文件本身非常小，对计算机运行速度的影响完全可以忽略不计，这些决定了该方法具有强大的通用性。

3）准确度高

绘图宏将中间过程后台化，大大减少了人为操作，减小了误操作的可能性。

本章参考文献

［1］赵常要,窦顺.探地雷达在隧道检测中里程偏差修正方法探讨[J].现代隧道技术,2011,
　　48(6):79-81.

［2］赵常要,赵守全.探地雷达层厚度值提取技术研究[J].地球物理学进展,2018,33(1):
　　441-444.

［3］李登科,赵常要.探地雷达厚度曲线绘制技术研究[J].铁道标准设计,2017(8):125-128.

［4］赵常要,赵守全.探地雷达技术在隧道工程结算中的应用[J].铁道勘察,2017(5):87-89.